U0254854

SICHUAN YANTIAN ZACAO
SHIBIE YU FANGCHU

四川烟田杂草识别与防除

周小刚　雷强　朱建义　等著

四川科学技术出版社

图书在版编目（CIP）数据

四川烟田杂草识别与防除 / 周小刚等著. —成都:四川科学技术出版社，2018.4

ISBN 978-7-5364-9012-3

Ⅰ. ①四… Ⅱ. ①周… Ⅲ. ①烟草 - 杂草 - 鉴别 - 四川②烟草 - 杂草 - 除草 - 四川 Ⅳ. ①S451.22

中国版本图书馆CIP数据核字（2018）第067265号

四川烟田杂草识别与防除

SICHUAN YANTIAN ZACAO SHIBIE YU FANGCHU

著　　者　周小刚　雷　强　朱建义　等

出 品 人　钱丹凝
责任编辑　何　光
封面设计　张维颖
责任出版　欧晓春
出版发行　四川科学技术出版社
成品尺寸　170mm × 240mm
印　　张　14　字数 280 千
印　　刷　四川华龙印务有限公司
版　　次　2018年5月第 1 版
印　　次　2018年5月第 1 次印刷
定　　价　120.00元

ISBN 978-7-5364-9012-3

邮购：四川省成都市槐树街2号　邮政编码：610031
电话：028-87734035

本书编委会

顾　勇（四川省烟草公司泸州市公司）
杨懿德（四川省烟草公司宜宾市公司）
张吉亚（四川省烟草公司宜宾市公司）
曾宗良（攀枝花市烟草公司米易县分公司）
胡建新（四川省烟草公司攀枝花市公司）
杨　洋（四川省烟草公司宜宾市公司）
陈维建（四川省烟草公司德阳市公司）
谭　舒（四川省烟草公司德阳市公司）
徐传涛（四川省烟草公司泸州市公司）
喻　晓（四川省烟草公司广元市公司）
尹宏博（四川省烟草公司达州市公司）
周开绪（四川省烟草公司达州市公司）
陈　鹏（中国烟草总公司四川省公司）
龙　涛（中国烟草总公司四川省公司）
高　菡（四川省农业科学院植物保护研究所，农业部西南作物有害生物综合治理重点实验室）
陈庆华（四川省农业科学院植物保护研究所，农业部西南作物有害生物综合治理重点实验室）
杨晓蓉（四川省农业科学院植物保护研究所，农业部西南作物有害生物综合治理重点实验室）
向运佳（四川省农业科学院植物保护研究所，农业部西南作物有害生物综合治理重点实验室）
皮　冰（四川省农业科学院植物保护研究所，农业部西南作物有害生物综合治理重点实验室）
张　伟（四川省农业厅植物保护站）
伍亚琼（四川省农业厅植物保护站）
郑仕军（四川省青神县农业局）
张建军（四川省青神县农业局）
王东风（四川省达州市植物检疫站）
王　彬（四川省宣汉县农业局植物检疫站）
陈贵明（四川省夹江县农业局农技站）

foreword

前　言

烟草是我国重要的经济作物，年均总产量约 6 000 万担（1 担 =50kg），是国家和地方财税的重要经济来源，受到相关部门的高度重视。烟草是高效益作物，中国烟区多在经济较落后的贫困地区，有 200 万农户约 1 亿人口靠种烟维系生活，种植烟草是山区农民脱贫致富、提高生活水平的有效途径。烟草又是高税利商品，上缴国家财政的各项税收高踞各行业之首位，为国家建设和改善人民生活提供了巨额资金。四川省 2014 年度烟叶种植面积共计 127.29 万亩，全年共收购烤烟 343.58 万担，烤烟产量居全国第三，是全国重要的战略性优质烟叶基地。

四川省烟草各种植区域气候、土壤及环境条件差异很大，而良好的水热条件又利于杂草的繁衍，在长期的生产和自然选择中这些区域形成了复杂的杂草群落。杂草与烟草争夺光、水、养分，降低烟草品质，影响烟草产量。同时，茄科、 菊科等杂草还是烟草病毒病、黑胫病的寄主，一些十字花科杂草及小旋花则是蚜虫的寄主，而蚜虫又是烟草病毒病的传播媒介，对烟草具有间接的危害。杂草防除是烟叶生产栽培中的重要一环。我国传统的杂草防除方法是利用人工犁耕手锄，近年来生产上多采用喷施除草剂和地膜覆盖技术，也有在烟草苗床使用化学品或蒸气消毒灭草等方法。化学除草具有高效、彻底、省工、省时的优点，又有利于大面积机械化操作，所以随着我国国民经济的发展和科学种田水平的提高，化学除草已成为高效农业不可缺少的重要措施之一。

在中国烟草总公司四川省公司的支持下，四川省农业科学院植物保护研究所在2013~2015年承担了“四川省烟田杂草的调查、演替规律及综合治理研究【编号：川烟科201302004】”项目，调查了四川省烟田杂草发生种类，明确了各区域主要优势杂草及主要杂草群落组合、杂草发生演替规律，在此基础上形成了以化学防除为主，结合盖膜、盖植物秸秆、轮作、物理方法等的烟田杂草综合治理技术。本次调查范围涉及凉山、攀枝花、宜宾、泸州、广元、达州、德阳七大烟叶产区22个市、县（区）及下属44个乡镇。

为提高四川省烟技人员及烟农对烟田杂草的识别水平，满足当地烟田杂草防除技术的需要，我们编成《四川烟田杂草识别与防除》。全书共分四川烟田杂草及其危害（其中对烟田主要杂草及常见杂草59种按学名、别名、生活型、识别特征、分布、防除要点及原色图片进行了介绍；对余下的139种烟田一般性杂草，仅对学名、生活型、识别特征及原色图片进行了介绍）、烟田常用除草剂、烟田杂草防除技术三部分，插图700多幅。书后附有除草剂安全使用技术规范和四川烟田杂草名录及项目完成期间所发表的论文。

在项目执行、图书编写及出版过程中，得到了中国烟草总公司四川省公司及四川省农业科学院植物保护研究所、省内各市州烟草分公司、四川科学技术出版社等单位的领导及专家的大力帮助与支持，在此一并致谢！

受能力所限，疏漏难免，敬请专家学者和读者批评指正。

著　者

contents

目　录

第一章 四川烟田杂草及其危害

第一节 烟田杂草的发生、分布及其危害

烟草（*Nicotiana tabacum*）是茄科烟草属一年生草本植物，最早源于美洲、大洋洲和南太平洋的一些岛屿。16 世纪中叶烟草传入中国，距今已有 400 多年的种植历史。烟草是重要的经济作物，我国年均总产量约 6 000 万担（1 担 =50kg），是国家和地方财税的重要经济来源，受到相关部门的高度重视。烟草是高效益作物，中国烟区多在经济较落后的贫困地区，有 200 万农户约 1 亿人口靠种烟维系生活，种植烟草是山区农民脱贫致富、提高生活水平的有效途径。烟草又是高税利商品，上缴国家财政的各项税收高踞各行业之首位，为国家建设和改善人民生活提供了巨额资金。四川省 2014 年度烟草种植面积共计 127.29 万亩（1 亩 =1/15hm^2），全年共收购烤烟 343.58 万担，烤烟产量居全国第三。

四川省烟草种植区域主要集中在川西南山区、盆周山区以及川西平原地区，该区域在东经 101° 23 ' ~108° 07 ', 北纬 26° 28 ' ~32° 29 '之间，属亚热带湿润气候区域，年平均气温 15~21℃，降水量 800~1 200mm，光、热、水资源丰富，土壤条件优良，适宜烟草生长，具有发展优质烟叶生产的资源优势。近年来，四川省大力推进现代烟草产业建设，努力打造全国重要的战略性优质烟叶基地，形成了凉山、攀枝花、宜宾、泸州、广元、达州、德阳七大烟叶产区。烟草种植地域广阔，各地气候、土壤及环境条件差异很大，而良好的水热条件又利于杂草的繁衍，在长期的生产和自然选择中这些区域形成了复杂的杂草群落。杂草与烟草争夺光、水、养分，降低烟草品质，影响烟草产量。同时，茄科、菊科等杂草还是烟草病毒病、黑胫病的寄主，一些十字花科杂草及小旋花则是蚜虫的寄主，而蚜虫又是烟草病毒病的媒介，对烟草具有间接的危害。杂草防除是烟叶生产栽培中的重要一环。我国传统的方法是利用人工犁耕手锄，近年来生产上多采用喷施除

草剂和地膜覆盖技术，也有在烟草苗床使用化学品或蒸气消毒灭草等方法。也正因为杂草的生长和危害成为烟草生产中的突出问题，国内如云南、贵州、安徽、福建、江苏、江西、陕西、河北、河南、辽宁等地均进行过烟田杂草的调查及防除研究，取得了较好的研究成果，更好地指导了当地烟田杂草防除工作。在中国烟草总公司四川省公司的支持下，四川省农业科学院植物保护研究所在2013~2015年承担了“四川省烟田杂草的调查、演替规律及综合治理研究【编号：川烟科201302004】”项目，调查了四川省烟田杂草发生种类，明确了各区域主要优势杂草及主要杂草群落组合、杂草发生演替规律，在此基础上形成了以化学防除为主，结合盖膜、盖植物秸秆、轮作、物理方法等的烟田杂草综合治理技术。

2013~2014年，课题组在烟草生长旺期对四川省烟田杂草的种类和分布进行了系统调查。调查范围包含七大烟草种植区的主要植烟市、县（区）22个及下属乡镇44个，总计调查田块289块，样点2 601处。调查采用倒置“W”九点取样法和杂草群落优势度七级目测法，每个样点调查面积为1m^2，记录每个样点内的杂草种类和密度，目测危害级值，并采集标本进行种类鉴定。据调查鉴定，四川省烟田杂草共有201种，分属41科，135属。其中：孢子植物2科2属5种，单子叶植物5科29属44种，双子叶植物34科104属152种。杂草种类较多的科为菊科39种，禾本科27种，蓼科15种，莎草科12种，唇形科11种，十字花科、豆科、玄参科、伞形科各7种，石竹科6种，苋科、藜科各5种。

在201种烟田杂草中，发生频率较高（大于40%）的杂草依次为马唐、辣子草、尼泊尔蓼、铁苋菜、空心莲子草、光头稗、酸模叶蓼和无芒稗。综合考虑杂草发生频率、均度和田间密度，相对多度值较高（大于6.67%）的杂草依次为马唐、尼泊尔蓼、辣子草、光头稗、空心莲子草、无芒稗、铁苋菜、酸模叶蓼、繁缕和水蓼。这些杂草能够很好地适应烟草种植区的生态环境，对烟草生产的危害较为严重。除以上全省性分布的烟田杂草外，不同烟区又有各自独特的生态环境，决定着区域性杂草的种间差异。

一、达州烟区草害区

达州烟区位于四川省东北部边缘，其中宣汉、开江等地属盆地丘陵区东北部平行岭谷地带，气候为典型的中亚热带湿润气候，年均温17℃，无霜期290~295d，年均降水量1 210mm左右，日照时数约1 300h，土壤类型以中性紫色土为主，其次为黄壤；万源市属川北盆周山区，具有北亚热带山地气候的典型特征，年均温15.5℃，无霜期260d左右，年均降水量约1 100mm，日照时数1 250~1 300h，土壤类型繁多，主要为紫色土、黄壤和黄棕壤。

达州烟区烟田杂草共有 127 种，其中优势杂草有马唐、空心莲子草、铁苋菜、光头稗、尼泊尔蓼、丁香蓼、通泉草、牛筋草、鳢肠、水蓼等，次级优势杂草有车前、繁缕、碎米荠、看麦娘、扬子毛茛、小飞蓬、无芒稗、酸模叶蓼、香附子、金色狗尾草、垂盆草、水芹等。主要杂草群落有："马唐 + 尼泊尔蓼 + 鸭跖草 + 水蓼""马唐 + 空心莲子草 + 垂盆草""铁苋菜 + 光头稗 + 荩草""尼泊尔蓼 + 看麦娘 + 繁缕 + 丁香蓼""空心莲子草 + 牛筋草 + 无芒稗 + 通泉草"等，以及仅由空心莲子草构成的单一优势群落；宣汉、开江部分地区烟田实施烟稻轮作，主要杂草群落为："马唐 + 光头稗 + 鳢肠""马唐 + 铁苋菜 + 通泉草 + 水芹"等。

表 1-1　达州烟区烟田杂草发生状况

杂草种类	相对均度 (%)	相对密度 (%)	相对频率 (%)	相对多度 (%)	综合值 (%)
马唐	10.73	13.31	5.02	29.07	29.95
空心莲子草	6.18	6.94	3.65	16.77	13.45
铁苋菜	5.06	4.18	3.88	13.13	5.26
光头稗	4.46	4.75	2.85	12.07	8.26
尼泊尔蓼	4.04	3.66	2.17	9.87	8.04
丁香蓼	3.44	3.03	2.63	9.09	3.22
通泉草	3.56	2.89	2.63	9.07	2.51
牛筋草	3.01	2.78	2.05	7.85	2.57
鳢肠	2.86	2.43	2.40	7.69	1.66
水蓼	2.80	2.47	2.40	7.67	1.91

达州烟区烟田杂草出苗消长情况如图 1–1 所示。总杂草出苗高峰期为 5 月中旬（烟草移栽后 20~30d），马唐、尼泊尔蓼在此期间大量发生，莎草科杂草在 5 月下旬至 6 月上旬期间发生较多，雀舌草、铁苋菜、野茼蒿等杂草则在 6 月中上旬出苗较多。

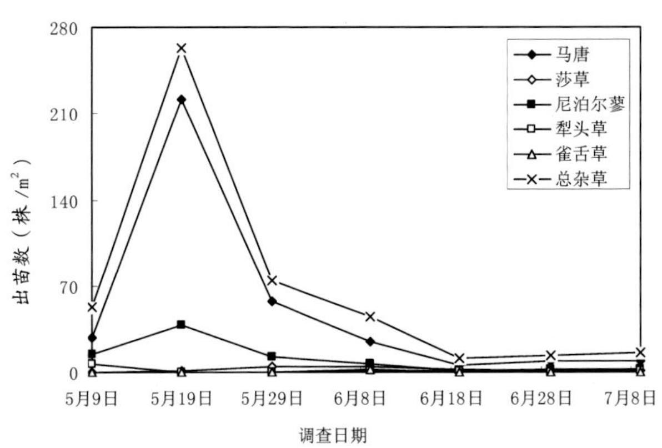

图 1-1　达州烟区主要烟田杂草出苗规律（2013 年）

二、广元烟区草害区

广元烟区位于川北盆周山区，秦巴山系向盆地过渡地带，地形以山地为主，气候为北亚热带山地气候。本地区年均温 15.5~16℃，无霜期约 260d，年均降水量 900~1 100mm，平均干燥度 0.78，日照时数 1 300~1 350h，土壤类型主要为紫色土和黄壤。与同属盆周山区的达州、宜宾、泸州烟区相比，该烟区光热条件最佳，但旱、涝灾害发生较为频繁。

广元烟区烟田杂草共有 62 种，其中优势杂草有无芒稗、马唐、尼泊尔蓼、马兰、光头稗、藜、铁苋菜、酸模叶蓼、腺梗豨莶、水蓼等，次级优势杂草有鸭跖草、刺儿菜、艾蒿、异型莎草、酢浆草、香附子、小藜、自生油菜、繁缕、扬子毛茛等。主要杂草群落有："无芒稗 + 光头稗 + 异型莎草" "无芒稗 + 马唐 + 水蓼" "马唐 + 铁苋菜 + 尼泊尔蓼 + 刺儿菜" "无芒稗 + 马兰 + 腺梗豨莶" "光头稗 + 酸模叶蓼 + 马兰" 等。

表 1-2　广元烟区烟田杂草发生状况

杂草种类	相对均度 (%)	相对密度 (%)	相对频率 (%)	相对多度 (%)	综合值 (%)
马唐	7.55	10.10	4.69	22.34	13.07
空心莲子草	8.17	8.31	5.47	21.94	3.91
铁苋菜	8.17	6.72	5.08	19.96	3.70
光头稗	6.23	5.45	4.30	15.98	4.54
尼泊尔蓼	5.62	6.28	3.52	15.41	5.84
丁香蓼	5.44	4.56	4.30	14.30	1.57
通泉草	5.27	4.64	4.30	14.20	2.30
牛筋草	4.74	4.14	3.52	12.40	2.59
鳢肠	5.00	3.89	3.13	12.02	2.05
水蓼	3.16	2.38	3.52	9.06	0.63

三、泸州烟区草害区

泸州烟区位于川南盆周山区，植烟地集中在泸州南部低中山区的叙永、古蔺两县，属乌蒙山 – 大娄山山系。气候为中亚热带山地气候，与川北盆周山区的广元、达州烟区相比，海拔偏低、纬度偏南，气候偏暖，但雨量充沛，雨热同季。该地区年均温 17℃，无霜期 320~330d，年均降水量约 1 100mm，日照时数 1 050~1 100h，为低日照区。土壤类型以黄壤为主，其次为紫色土。

泸州烟区烟田杂草共有 76 种，其中优势杂草有马唐、尼泊尔蓼、辣子草、空心莲子草、无芒稗、鸭跖草、水蓼、马兰、艾蒿等，次级优势杂草有看麦娘、细柄野荞麦、铁苋菜、荩草、藜、小飞蓬、婆婆纳、光头稗、绵毛酸模叶蓼、金色狗尾草、鼠麴、打碗花、车前、垂盆草等。主要杂草群落有：“马唐＋尼泊尔蓼＋鸭跖草＋绵毛酸模叶蓼”“尼泊尔蓼＋空心莲子草＋辣子草＋繁缕”“马唐＋细柄野荞麦＋小飞蓬”“无芒稗＋尼泊尔蓼＋辣子草”“马唐＋艾蒿＋马兰＋荩草”，以及仅由空心莲子草构成的单一优势群落。

表 1-3　泸州烟区烟田杂草发生状况

杂草种类	相对均度 (%)	相对密度 (%)	相对频率 (%)	相对多度 (%)	综合值 (%)
马唐	9.91	11.21	4.86	25.99	23.09
尼泊尔蓼	7.28	6.34	4.40	18.02	6.64
辣子草	6.30	6.66	4.40	17.36	8.09
空心莲子草	5.39	7.41	3.70	16.50	15.49
无芒稗	4.70	5.89	3.94	14.52	6.14
鸭跖草	5.27	4.41	4.63	14.31	3.82
水蓼	4.58	4.19	2.78	11.55	1.73
马兰	4.47	3.42	3.24	11.13	2.21
看麦娘	2.87	3.57	2.31	8.75	0.60
艾蒿	3.21	2.51	3.01	8.73	2.00

泸州烟区烟田杂草出苗消长情况如图 1-2 所示。总杂草出苗高峰为 4 月中下旬（烟草移栽后 20~30d），期间鸭跖草、马唐、空心莲子草大量发生；进入 5 月上旬，水蓼和酸模叶蓼发生较多，马唐的出苗数急剧减少；5 月中旬后，鸭跖草出现第二个出苗高峰，其余杂草出苗数维持在较低水平。绵毛酸模叶蓼发生最早，出苗高峰在 4 月中旬，烟草移栽后 10~15d。

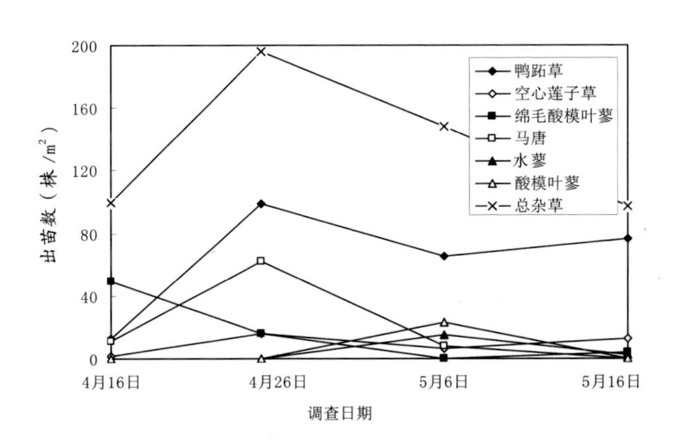

图 1-2　泸州烟区主要烟田杂草出苗规律（2013 年）

四、宜宾烟区草害区

宜宾烟区位于川南盆周山区，东部与泸州烟区紧邻，同属乌蒙山 – 大娄山山系。气候以中亚热带山地气候为主，部分低海拔植烟区为亚热带湿润季风气候。年均温 17~18 ℃，无霜期 330~340d，日照时数约 1 100h，年均降水量 1 100~1 200mm，土壤类型以黄壤、紫色土为主。该地区烤烟于海拔 600~1 500m 之间的丘陵、山地均有分布，不同地理和气候类型也导致杂草种类多样，群落结构丰富。

宜宾烟区烟田杂草共有 124 种，其中优势杂草有马唐、尼泊尔蓼、辣子草、空心莲子草、铁苋菜、马兰、无芒稗、鸭跖草、艾蒿、酸模叶蓼等，次级优势杂草有杖藜、光头稗、水蓼、双穗雀稗、繁缕、三叶鬼针草、碎米荠、荠菜、波斯婆婆纳、藜、水芹、山苦荬、酢浆草、香附子、金荞麦、车前、打碗花等。主要杂草群落有："马唐 + 尼泊尔蓼 + 辣子草 + 香薷""马唐 + 鸭跖草 + 金荞麦""尼泊尔蓼 + 空心莲子草 + 绵毛酸模叶蓼""空心莲子草 + 双穗雀稗 + 无芒稗 + 繁缕""马唐 + 饭包草 + 香附子""天胡荽 + 无芒稗 + 马兰 + 白茅"；长宁县烟稻轮作区烟田主要杂草群落为："空心莲子草 + 光头稗 + 双穗雀稗 + 水蓼""马唐 + 光头稗 + 稗"，以及仅由空心莲子草构成的单一优势群落。

表 1-4　宜宾烟区烟田杂草发生状况

杂草种类	相对均度 (%)	相对密度 (%)	相对频率 (%)	相对多度 (%)	综合值 (%)
马唐	8.63	11.31	4.39	24.33	15.73
尼泊尔蓼	5.46	5.32	2.93	13.71	7.76
辣子草	4.62	4.13	3.14	11.89	3.08
空心莲子草	4.12	4.78	2.30	11.20	7.36
铁苋菜	4.04	3.75	3.14	10.92	1.13
马兰	4.12	3.38	3.07	10.57	1.80
无芒稗	3.59	4.02	2.58	10.18	4.14
鸭跖草	3.87	3.67	2.58	10.12	3.40
艾蒿	3.59	3.10	3.07	9.75	1.49
酸模叶蓼	2.86	2.61	2.23	7.70	1.06

宜宾烟区烟田杂草出苗消长情况如图 1–3 所示。总杂草出苗高峰为 5 月中下旬（烟草移栽后 20~30d），期间主要杂草均大量发生，之后马唐、香附子和饭包草出苗数显著减少，而空心莲子草通过营养生殖长时间保持较高的发生量。

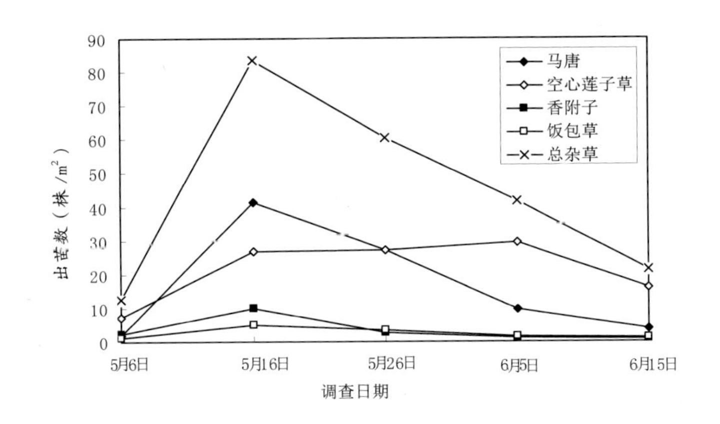

图 1-3　宜宾烟区主要烟田杂草出苗规律（2014 年）

五、攀枝花烟区草害区

攀枝花烟区位于川西南山区，安宁河谷地带南部，地貌类型以低山、中山为主，气候类型为偏干型山地气候和南亚热带干热河谷气候，特点是干湿季节分明，干旱期长，降水量较少，热量资源立体分布明显。年均温 19~21℃，大于 10℃积温天数达 330~360d，无霜期 300~310d，日照时数 2 300~2 600h，年均降水量 800~1 100mm。主要土壤类型为红壤，其次为黄棕壤和棕壤。

攀枝花烟区烟田杂草共有 62 种，其中优势杂草有马唐、辣子草、尼泊尔蓼、无芒稗、小藜、鬼针草、野燕麦、光头稗等，次级优势杂草有早熟禾、牛筋草、鼠麴、野苦荞、酸模叶蓼、野芥菜、香附子、繁缕、细柄野荞麦、看麦娘、棒头草、苦蘵等。主要杂草群落有："辣子草+马唐+尼泊尔蓼""马唐+野苦荞+散生木贼""小藜+苦蘵+遏蓝菜""马唐+光头稗+野燕麦+苦蘵""鸭跖草+无芒稗+牛筋草""香附子+酸模叶蓼+胜红蓟+辣子草"等。

表 1-5　攀枝花烟区烟田杂草发生状况

杂草种类	相对均度 (%)	相对密度 (%)	相对频率 (%)	相对多度 (%)	综合值 (%)
马唐	15.58	15.75	9.19	40.51	19.21
辣子草	11.02	9.75	7.77	28.55	10.50
尼泊尔蓼	6.79	5.84	4.24	16.87	7.85
无芒稗	3.99	3.78	3.53	11.31	2.13
小藜	3.75	2.78	3.53	10.07	5.70
鬼针草	2.96	1.98	4.24	9.18	0.61
野燕麦	3.43	3.33	2.12	8.88	4.02

续表

杂草种类	相对均度 (%)	相对密度 (%)	相对频率 (%)	相对多度 (%)	综合值 (%)
光头稗	3.12	2.47	2.47	8.06	2.87
早熟禾	3.12	2.11	2.83	8.05	0.97
牛筋草	2.80	2.45	2.47	7.72	1.48

攀枝花烟区烟田杂草出苗消长情况如图 1–4 所示。烟田总杂草有两个出苗高峰，分别在 5 月中旬和 6 月中旬。第一个出苗高峰期为烟草移栽后 20~30d，期间主要杂草均大量发生；第二个出苗高峰期为烟草揭膜培土期，辣子草、马唐、香附子发生量较大，杂草总体发生量低于第一个高峰期。

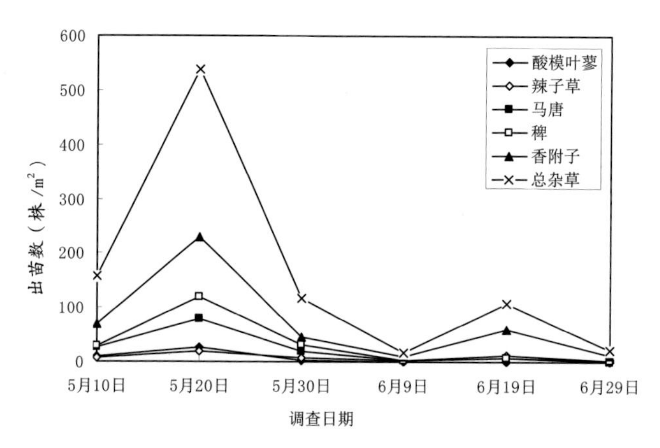

图 1-4　攀枝花烟区主要烟田杂草出苗规律（2013 年）

六、凉山烟区草害区

凉山彝族自治州（简称凉山州）烟区位于川西南山区，是四川省最大的烟草种植区。其中主要植烟县冕宁、西昌、会理、会东属安宁河谷及中山地带，气候类型为中亚热带半湿润气候，平均海拔比攀枝花烟区高 500~1 000m，年均温低 2~5℃，无霜期少 30~60d，土壤类型以红壤和紫色土为主；盐源县位于盐源盆地，地貌类型以中山为主，热量条件属暖温带气候，年均温约 12.1℃，无霜期 200~220d，年均降水量约 800mm，日照时数达 2 500mm，土壤类型为黄棕壤和红壤。本地区降雨集中于 6~10 月，烟草大田期前期较为干旱，杂草总体发生量低于其他烟区。

凉山彝族自治州烟区烟田杂草共有 80 种，其中优势杂草有马唐、尼泊尔蓼、酸模叶蓼、光头稗、辣子草、藜、无芒稗、牛筋草等，次级优势杂草有空心莲子草、香附子、打碗花、繁缕、三叶鬼针草、腺梗豨莶、鼠麴、早熟禾、碎米荠、铁苋菜等。主要杂草群落有：“马唐 + 胜红蓟 + 水蓼”“辣子草 + 尼泊尔蓼 + 酸模叶蓼+铁苋菜”“光头稗+藜+打碗花”“马唐+空心莲子草+无芒稗+香附子”等。

表 1-6　凉山彝族自治州烟区烟田杂草发生状况

杂草种类	相对均度 (%)	相对密度 (%)	相对频率 (%)	相对多度 (%)	综合值 (%)
马唐	14.01	16.87	8.88	39.76	4.62
尼泊尔蓼	8.80	8.22	5.67	22.69	5.44
酸模叶蓼	8.54	7.95	5.80	22.29	4.77
光头稗	7.35	8.59	3.82	19.76	2.59
辣子草	7.39	6.54	5.43	19.35	4.12
藜	5.94	4.11	4.19	14.24	1.82
无芒稗	4.02	4.62	3.58	12.21	0.83
牛筋草	3.19	3.45	3.45	10.09	0.55
空心莲子草	3.04	3.12	3.08	9.24	0.48
香附子	2.90	2.33	3.95	9.17	0.34

凉山彝族自治州烟区烟田杂草出苗消长情况如图 1–5 所示。总杂草的出苗高峰有两个，第一个在 5 月初至 5 月中旬，此时烟草为移栽后 20~30d；第二个在 6 月上旬，此时烟草为揭膜培土期。第一个高峰杂草发生量较大，占总出苗数的 67%，此时期为控草关键期；第二个出苗高峰期因烟草后期生长迅速，杂草危害较轻，可以不除草，也可根据实际情况行间再补施一次除草。从 5 月上旬开始，酸模叶蓼、尼泊尔蓼开始大量发生，至 5 月中旬，这两种杂草发生量减少，而辣子草、苦荞麦、马唐、早熟禾发生相对较多。进入 6 月之后，辣子草和马唐出现第二个出苗高峰，其余杂草发生量显著下降。

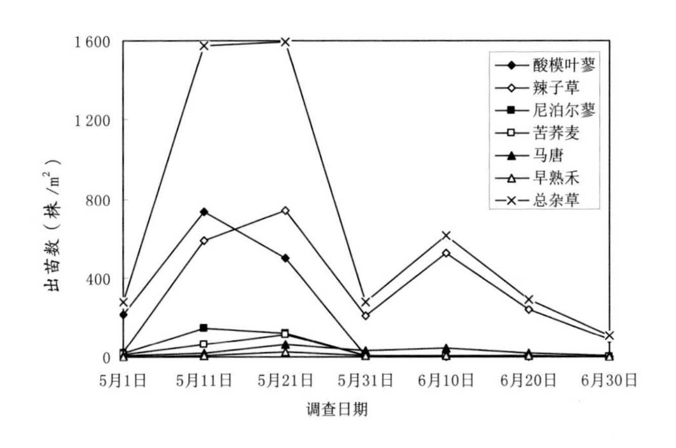

图 1–5　凉山彝族自治州烟区主要烟田杂草出苗规律（2013 年）

七、德阳烟区草害区

德阳烟区位于川西平原北部，气候湿润温和，四季分明，是四川省内晒烟的主产区之一。本烟区年均温 16~17℃，1 月均温 5~6℃，7 月均温 25℃左右，气温年较差小，无霜期 270~290d。年均降水量约 970mm，平均干燥度 0.75，日照时数偏少，仅有 1 100~1 150h。土壤类型以水稻土为主，占比达 40% 以上，其次为紫色土、黄壤，土质优良，肥力高，排灌方便，利于晒烟生产。

德阳烟区烟田杂草共有 66 种，其中优势杂草有光头稗、马唐、繁缕、通泉草、辣子草、碎米荠、早熟禾、水蓼、看麦娘、空心莲子草、荠菜等，次级优势杂草有石胡荽、牛筋草、水稻苗、陌上菜、小藜、鼠麴、棒头草、鳢肠、铁苋菜、凹头苋、猪殃殃等。主要杂草群落有："光头稗 + 空心莲子草 + 荠菜 + 通泉草""马唐 + 碎米荠 + 辣子草 + 繁缕""光头稗 + 碎米荠 + 水蓼""马唐 + 光头稗 + 看麦娘 + 早熟禾""自生水稻 + 辣子草 + 通泉草 + 石胡荽"等。

表 1-7　德阳烟区烟田杂草发生状况

杂草种类	相对均度 (%)	相对密度 (%)	相对频率 (%)	相对多度 (%)	综合值 (%)
光头稗	7.56	10.12	4.65	22.34	21.81
马唐	7.27	9.31	4.65	21.23	9.81
繁缕	6.57	7.11	3.88	17.56	19.02
通泉草	5.51	4.89	3.88	14.27	3.53
辣子草	5.18	5.05	4.03	14.26	6.35
碎米荠	5.28	5.58	3.10	13.96	17.37
早熟禾	4.88	5.21	3.10	13.19	3.09
水蓼	4.91	4.12	2.95	11.98	14.93
看麦娘	4.08	4.57	3.10	11.75	3.45
石胡荽	4.41	3.87	3.26	11.54	2.87

德阳烟区烟田杂草发生特点是：由于长期实施烟—稻轮作，湿生性杂草多，且在大田期中期发生量大。杂草出苗消长情况如图 1-6 所示。总杂草出苗高峰期为 3 月下旬至 4 月中旬（烟草移栽后 20~40d），其中猪殃殃、荠菜、马唐和牛筋草前期发生量较大，进入 4 月上中旬后，这些杂草的发生量显著减少，而石胡荽开始进入出苗高峰。

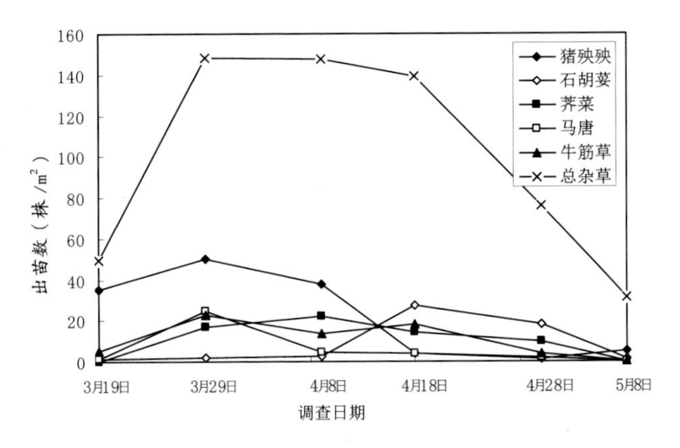

图 1-6 德阳烟区主要烟田杂草出苗规律（2014 年）

第二节 四川烟田杂草的种类

一、烟田杂草的分类

（一）按照杂草形态学分类

1. 禾草类

禾草类即禾本科杂草。其主要形态特征：茎圆或略扁，节和节间区别，节间中空；叶鞘开张，常有叶舌；胚具 1 子叶，叶片狭窄而长，平行叶脉，叶无柄。

2. 莎草类

莎草类即莎草科杂草。其主要形态特征：茎三棱形或扁三棱形，节与节间的区别不明显，茎常实心；叶鞘不开张，无叶舌；胚具 1 子叶，叶片狭窄而长，平行叶脉，叶无柄。

3. 阔叶草类

阔叶草类包括所有的双子叶植物杂草及部分单子叶植物杂草。其主要形态特征：茎圆心或四棱形；叶片宽阔，具网状叶脉，叶有柄。胚常具 2 子叶。

（二）按照杂草生活型分类

1. 一年生杂草

一年生杂草在一个生长季节完成从出苗、生长及开花结实的生活史，如马唐、稗、铁苋菜、鳢肠、异型莎草和碎米莎草等。

2. 二年生或越年生杂草

二年生或越年生杂草在两个生长季节内或跨两个日历年度完成从出苗、生长及开花结实的生活史。通常在冬季出苗，翌年春季或夏初开花结实，如看麦娘、野燕麦、猪殃殃和疏花婆婆纳等。

3. 多年生杂草

多年生杂草一次出苗，可在多个生长季节内生长并开花结实。其可以种子以及营养繁殖器官繁殖，并度过不良气候条件。根据芽位和营养繁殖器官的不同又可分为：

（1）地下芽杂草 越冬或越夏芽在土壤中。其中还可分为地下根茎类如刺儿菜、苣荬菜、双穗雀稗等；块茎类如香附子等；球茎类如野慈姑等；鳞茎类如小根蒜等；直根类如车前等。

（2）半地下芽杂草 越冬或越夏芽接近地表，如蒲公英。

（3）地表芽杂草 越冬或越夏芽在地表，如艾蒿、蛇莓等。

（4）水生杂草 越冬芽在水中，如空心莲子草。

（三）按照杂草生长习性分类

1. 草本类杂草

茎多不木质化或少木质化，茎直立或匍匐。大多数杂草均属此类。

2. 藤本类杂草

茎多缠绕或攀缘等，如打碗花、葎草和乌蔹莓等。

3. 木本类杂草

茎多木质化，直立，如构树。

二、烟田杂草种类

烟田杂草种类分为主要杂草、常见杂草和一般性杂草。烟田主要杂草及常见杂草有马唐、无芒稗、光头稗、看麦娘、牛筋草、双穗雀稗、早熟禾、金色狗尾草、荩草、野燕麦、白茅、棒头草、辣子草、马兰、艾蒿、鳢肠、鼠麹草、多茎鼠麹草、三叶鬼针草、腺梗豨莶、小飞蓬、野茼蒿、刺儿菜、胜红蓟、尼泊尔蓼、酸模叶蓼、水蓼、绵毛酸模叶蓼、细柄野荞麦、空心莲子草、凹头苋、反枝苋、碎米荠、荠菜、野芥菜、繁缕、铁苋菜、鸭跖草、饭包草、藜、小藜、丁香蓼、通泉草、陌上菜、扬子毛茛、风轮菜、酢浆草、猪殃殃、大巢菜、苦蘵、凹叶景天、打碗花、附地菜、蛇莓、散生木贼、笔管草、香附子、异型莎草、碎米莎草等59种；烟田一般性杂草包括日本看麦娘、画眉草、小画眉草、鹅冠草、虮子草、狗牙根、黄鹌菜、苣荬菜、杖藜、婆婆纳、剪刀草、荔枝草、野老鹳草、节节菜、委陵菜、虎尾草、黄花蒿、紫茎泽兰、金荞麦、土荆芥、问荆、爵床、牛膝、柔弱斑种草、簇生卷耳、垂盆草、无瓣蔊菜、叶下珠、紫苏、紫云英、草龙、车前、毛茛、泥花草、龙葵、天胡荽、糯米团、扁穗莎草、牛毛毡 等142种（其中17种因故未能拍摄图片）。

（一）烟田主要杂草及常见杂草

1. 马唐

【学名】*Digitaria sanguinalis*（L.）Scop.

【别名】熟地草、巴地草。

【生活型】一年生杂草。

【识别特征】成株秆基部开展或倾斜，无毛，叶鞘疏生疣基软毛。叶舌膜质，黄棕色，先端钝。叶片条状披针形，两面疏生软毛或无毛。总状花序 3~10 枚呈指状排列。小穗披针形，含 2 小花。颖果和小穗等长，色淡。

【分布】全省各烟区均有分布。

【防除要点】烟苗移栽前 1~3d 可使用二甲戊灵、异噁草松、异丙甲草胺、仲灵·异噁松等芽前除草剂进行土壤封闭处理；马唐 2~4 叶期可使用砜嘧磺隆或 3~5 叶期使用精喹禾灵、精喹·异噁草松等苗后除草剂进行茎叶喷雾处理。

马唐幼苗

马唐幼苗期

马唐大苗期

马唐成株期

2. 无芒稗

【学名】*Echinochloa crusgalli*（L.）Beauv.var. *mitis*（Purch）Peterm.

【生活型】一年生杂草。

【识别特征】秆绿色或基部带紫红色。有小分枝，着生小穗 3~10 个，基部多，顶端少，无芒，或有短芒，以顶生小穗的芒较长，无色或紫红色，小穗脉上具硬刺状疣基毛。叶条形。圆锥花序尖塔形，总状花序互生或对生或近轮生状。颖果椭圆形，凸面有纵脊，黄褐色。

【分布】凉山、攀枝花、宜宾、泸州、广元、达州。

无芒稗花序

无芒稗成株期

【防除要点】烟苗移栽前1~3d可使用二甲戊灵、异噁草松、异丙甲草胺、仲灵·异噁松等芽前除草剂进行土壤封闭处理；无芒稗2~4叶期可使用砜嘧磺隆或3~5叶期使用精喹禾灵、精喹·异噁草松等苗后除草剂进行茎叶喷雾处理。

3. 光头稗

【学名】*Echinochloa colonum*（L.）Link

【生活型】一年生杂草。

【识别特征】成株秆较细弱，茎部各节可萌蘖。叶鞘压扁，背部具脊，无毛。圆锥花序狭窄，主轴较细弱，三棱形，通常无毛，分枝数个为穗形总状花序，稀疏排列于主轴一侧，上举或贴向主轴；小穗卵圆形，被小硬毛，顶端急尖而无芒，紧贴较规则地成四行排列于分枝轴的一侧。颖果椭圆形，具小尖头，平滑光亮，其内稃顶端露出。

【分布】全省各烟区均有分布。

【防除要点】烟苗移栽前1~3d可使用二甲戊灵、异噁草松、异丙甲草胺、仲灵·异噁松等芽前除草剂进行土壤封闭处理；光头稗2~4叶期可使用砜嘧磺隆或3~5叶期使用精喹禾灵、精喹·异噁草松等苗后除草剂进行茎叶喷雾处理。

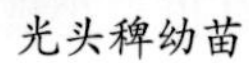

光头稗幼苗

光头稗花序

光头稗

4. 看麦娘

【学名】*Alopecurus aequalis* Sobol.

【别名】山高粱。

【生活型】越年生杂草。

【识别特征】第1叶条形，先端钝，无毛；第2~3叶条形，先端锐尖，叶鞘膜质。成株杆高15~40cm，叶片条形，叶舌薄膜质。圆锥花序狭圆柱形，淡绿色。小穗长2~3mm，含1小花，颖等长，基部合生，于稃体下部1/4处伸出长2~3mm的短芒。花药橙黄色。颖果。

【分布】全省各烟区均有分布。

【防除要点】烟苗移栽前1~3d可使用二甲戊灵、异噁草松、异丙甲草胺、仲灵·异噁松等芽前除草剂进行土壤封闭处理；看麦娘2~4叶期可使用砜嘧磺隆或3~5叶期使用精喹禾灵、精喹·异噁草松等苗后除草剂进行茎叶喷雾处理。

看麦娘幼苗期

看麦娘大苗期

看麦娘花穗

看麦娘成株期

5. 牛筋草

【学名】*Eleusine indica*（L.）Gaertn.

【别名】蟋蟀草。

【生活型】一年生杂草。

【识别特征】第1叶条状披针形，淡黄绿色，有光泽；第2~3叶披针形。叶舌薄膜质。成株秆平滑，压扁。穗状花序2~7枚在秆顶成指状排列。小穗成二行排列于穗轴一侧，含3~6小花，无芒。囊果卵形或长椭圆形，有明显的波状皱纹。种子深褐色，有横皱纹。

【分布】全省各烟区均有分布。

【防除要点】烟苗移栽前1~3d可使用二甲戊灵、异噁草松、异丙甲草胺、仲灵·异噁松等芽前除草剂进行土壤封闭处理；牛筋草2~4叶期可使用砜嘧磺隆或3~5叶期使用精喹禾灵、精喹·异噁草松等苗后除草剂进行茎叶喷雾处理。

牛筋草幼苗

牛筋草苗期

牛筋草成株期

6. 双穗雀稗

【学名】*Paspalum distichum* L.

【生活型】多年生杂草。

【识别特征】第1片叶宽而短，扁平；第2片叶窄而长，叶鞘松弛。叶舌膜质，较短，先端具不规则齿裂。成株具根茎。匍匐茎地面横走，长达1m。叶鞘松弛，背部具脊。叶片扁平，条形。总状花序2枚，位于枝端作叉状，稀3枚。小穗两行排列，椭圆形，先端急尖，含1小花。颖果椭圆形，灰色。

【分布】凉山、攀枝花、泸州、广元、达州。

【防除要点】较难防除。可人工拔除或在垄间保护性施用草铵膦，注意避免喷到烟叶上。

双穗雀稗花序

双穗雀稗成株期

7. 早熟禾

【学名】*Poa annua* L.

【别名】小鸡草。

【生活型】一年生或越年生杂草。

【识别特征】成株秆细弱，丛生。叶鞘自中部以下闭合。叶舌钝圆。叶片柔软，先端呈船形。圆锥花序开展，分枝。小穗含3~6小花。颖边缘宽膜质，第一颖长1.5~2mm，1脉，第二颖长2~3mm，3脉。外稃5脉。边缘及顶端膜质，脊2/3以下和边脉1/2以下具柔毛，基盘无绵毛。颖果，纺锤形。

【分布】凉山、攀枝花、宜宾、泸州、达州、德阳。

【防除要点】烟苗移栽前1~3d可使用二甲戊灵、异噁草松、异丙甲草胺、仲灵·异噁松等芽前除草剂进行土壤封闭处理；早熟禾3~5叶期使用烯草酮等苗后除草剂进行茎叶喷雾处理。

早熟禾幼苗

早熟禾幼苗期

早熟禾成株期

8. 金色狗尾草

【学名】*Setaria glauca*（L.）Beauv.

【生活型】一年生杂草。

【识别特征】第1叶线状长椭圆形，先端锐尖；第2~5叶线状披针形，先端尖，黄绿色，基部具长毛，叶鞘无毛。成株秆直立或基部倾斜。叶片线形，顶端渐尖，基部钝圆，通常两面无毛或仅于腹面基部疏被长柔毛；叶舌退化为一圈长约1mm的柔毛。圆锥花序紧缩，直立，主轴被微柔毛；刚毛稍粗糙，金黄色或稍带褐色；小穗椭圆形，顶端尖，通常在一簇中仅一个发育。颖果。

【分布】凉山、攀枝花、宜宾、泸州、达州。

【防除要点】烟苗移栽前1~3d可使用二甲戊灵、异噁草松、异丙甲草胺、仲灵·异噁松等芽前除草剂进行土壤封闭处理；金色狗尾草2~4叶期可使用砜嘧磺隆或3~5叶期使用精喹禾灵、精喹·异噁草松等苗后除草剂进行茎叶喷雾处理。

金色狗尾草幼苗

金色狗尾草苗期

金色狗尾草花序

9. 荩草

【学名】*Arthraxon hispidus*（Thunb.）Makino

【生活型】一年生杂草。

【识别特征】全体被长纤毛，第 1 片叶长卵形，先端锐尖，基部抱茎。第 2~3 叶宽椭圆形，锐尖头。成株杆细弱，基部倾斜或平卧，节处生根。叶舌膜质，边缘具纤毛。叶片卵状披针形，基部心形抱茎，下部边缘生纤毛。总状花序 2~10 枚，呈指状排列，小穗成对生于各节，披针形，颖近等长，第 2 外稃近基部伸出膝曲的芒。颖果长圆形。

【分布】宜宾、泸州、广元、达州、德阳。

【防除要点】烟苗移栽前 1~3d 可使用二甲戊灵、异噁草松、异丙甲草胺、仲灵·异噁松等芽前除草剂进行土壤封闭处理；荩草 2~4 叶期可使用砜嘧磺隆或 3~5 叶期使用精喹禾灵、精喹·异噁草松等苗后除草剂进行茎叶喷雾处理。

荩草苗期

荩草花序

荩草成株期

10. 野燕麦

【学名】*Avena fatua* L.

【别名】铃铛麦、茭麦。

【生活型】一年生杂草。

【识别特征】第 1 叶宽条形，初时卷成筒状，展开后细长，扁平，两面被柔毛，第 2~3 叶宽条形。叶舌膜质，尖端齿裂，叶鞘被毛。成株秆高 60~150cm。叶舌透明膜质。叶片条形。叶鞘松弛，光滑或基部被微毛。圆锥花序开展。小穗下垂，含 2~3 小花，二颖近等长，9 脉，长于小花，外稃被白色硬毛，背面中部稍下处伸出长 2~4cm 膝曲的芒。颖果，长圆形，腹面具纵沟，被棕色柔毛。

【分布】攀枝花。

【防除要点】烟苗移栽前 1~3d 可使用二甲戊灵、异噁草松、异丙甲草胺、仲灵·异噁松等芽前除草剂进行土壤封闭处理；野燕麦 2~4 叶期可使用砜嘧磺隆或 3~5 叶期使用精喹禾灵、精喹·异噁草松等苗后除草剂进行茎叶喷雾处理。

野燕麦幼苗

野燕麦花序

野燕麦成株期

11. 白茅

【学名】*Imperata cylindrica*（L.）Beauv.

【生活型】多年生杂草。

【识别特征】根茎长，密生鳞片。秆丛生，直立，节有长 4~10mm 的柔毛。叶鞘老时在基部常破碎成纤维状，无毛，或上部及边缘和鞘口有纤毛；叶舌干膜质；叶片线形或线状披针形，背面及边缘粗糙，主脉在背面明显突出，并向基部渐粗大而质硬。圆锥花序圆柱状，分枝短缩密集，基部有时较疏而间断；小穗披针形或长圆形，基部密生丝状柔毛。带稃颖果，黑紫色。

【分布】攀枝花、宜宾、泸州、广元、达州。

【防除要点】较难防除。可人工拔除或在垄间保护性施用草甘膦或草铵膦，注意避免喷到烟叶上。

白茅根

白茅苗期

白茅成株期

12. 棒头草

【学名】*Polypogon fugax* Nees ex Steud.

【生活型】越年生杂草。

【识别特征】第1叶条形，先端急尖，叶舌裂齿状，叶片与叶鞘均光滑无毛。成株秆丛生，基部膝曲。叶鞘光滑无毛。叶舌膜质，长圆形，常2裂或不规则齿裂。叶片条形。圆锥花序穗状，长圆形。小穗灰绿色或带紫色，含1小花。颖果。

【分布】凉山、攀枝花、宜宾、广元、达州、德阳。

【防除要点】烟苗移栽前1~3d可使用二甲戊灵、异噁草松、异丙甲草胺、仲灵·异噁松等芽前除草剂进行土壤封闭处理；棒头草2~4叶期可使用砜嘧磺隆或3~5叶期使用精喹禾灵、精喹·异噁草松等苗后除草剂进行茎叶喷雾处理。

棒头草花序

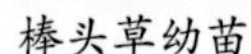

棒头草幼苗

棒头草危害状

棒头草成株期

13. 辣子草

【学名】*Galinsoga parviflora* Cav.

【生活型】一年生杂草。

【识别特征】茎单一或于下部分枝，分枝斜伸，被长柔毛状伏毛，嫩茎更密，并混有少量腺毛。叶对生，具柄，被长柔毛状伏毛；叶片卵形至披针形，叶基圆形、宽楔形至楔形，顶端渐尖，基出三脉或不明显的五脉，边缘具钝锯齿或疏锯齿；叶片两面约被长柔毛状伏毛，于叶脉处较密。头状花序于茎顶排列成伞房状。舌状花4~5，舌片白色。管状花黄色。瘦果。

【分布】全省各烟区均有分布。

【防除要点】烟苗移栽前1~3d可使用二甲戊灵、异噁草松、仲灵·异噁松等芽前除草剂进行土壤封闭处理；辣子草2~4叶期可使用砜嘧磺隆等苗后除草剂进行茎叶喷雾处理。

辣子草苗期

辣子草花序

辣子草茎

辣子草成株期

14. 马兰

【学名】*Kalimeris indica*（L.）Sch.-Bip.

【生活型】多年生杂草。

【识别特征】主根有时发达。有匍匐的根茎；茎直立，具细纵条纹，上部有分枝，被向上伏贴的短毛。叶无柄而抱茎；基生叶花期枯萎，茎生叶顶端钝或尖，边缘有疏粗齿或羽状浅裂；茎上部叶小，全缘；叶两面或腹面有疏微毛或近无毛，边缘及背面沿叶脉处有短粗毛。头状花序单生于枝端排列成疏伞房状。瘦果，褐色。

【分布】宜宾、泸州、广元、达州、德阳。

【防除要点】较难防除。可人工拔除或在垄间保护性施用草铵膦，注意避免喷到烟叶上。

马兰苗期

马兰成株期和花序

15. 艾蒿

【学名】*Artemisia argyi* Levl. et Vant.

【生活型】多年生杂草。

【识别特征】子叶近圆形，近无柄。初生叶2片，卵圆形，先端急尖，有小突尖，基部楔形，叶缘有疏锯齿，中脉明显，有柄。叶片及柄均被毛。成株具根状茎。茎单一，有纵棱，密被蛛丝状毛。叶互生，基生叶及茎下部叶花期枯萎，具柄。

叶片1~2回羽状深裂，裂片2~3对，菱状卵形，缘有齿，上面疏被蛛丝状毛并密布腺点，下面被白色毡毛。上部叶小，无柄。头状花序多数，排成复总状。瘦果。

【分布】凉山、宜宾、泸州、广元、达州、德阳。

【防除要点】较难防除。可人工拔除或在垄间保护性施用草铵膦，注意避免喷到烟叶上。

艾蒿幼苗期

艾蒿花序

艾蒿成株期

16. 鳢肠

【学名】*Eclipta prostrata* L. [E.alba （L.）Hassk.]

【别名】旱莲草。

【生活型】一年生杂草。

【识别特征】子叶近圆形或阔卵形，先端钝圆，具柄。初生叶2片，椭圆形或卵形，先端钝尖，基部宽楔形，全缘，具柄。叶下面被糙毛。茎叶有黑色汁液。成株茎直立或平卧，被糙毛，着土后节上生根。叶对生，椭圆状披针形或披针形，全缘或有细锯，两面被糙毛。近无柄。头状花序单生茎顶或叶腋，有梗。总苞球状钟形。管状花的瘦果三棱状，舌状花的瘦果扁四棱形，表面有瘤状突起，无冠毛。

鳢肠果实

【分布】凉山、宜宾、泸州、广元、达州、德阳。

【防除要点】2~4叶期可使用砜嘧磺隆等苗后除草剂进行茎叶喷雾处理。

鳢肠苗期

鳢肠花序

鳢肠成株期

17. 鼠麴草

【学名】*Gnaphalium affine* D. Don

【别名】清明草。

【生活型】越年生杂草。

【识别特征】子叶近圆形。全缘，无毛，具短柄。初生叶2片，倒卵形，先端急尖，全缘，基部楔形，密被白色绵毛，具1中脉，几无柄。成株全株密生灰白色绵毛。茎直立，簇生。叶互生，基部叶花期枯萎，中、下部叶匙形或倒披针形，先端有小突尖，基部渐狭，无柄，全缘。头状花序多数，常在茎顶端密集成伞房状。花黄色。瘦果，有乳头状突起，冠毛黄白色。

【分布】全省各烟区均有分布。

【防除要点】烟苗移栽前1~3d可使用二甲戊灵、异噁草松、仲灵·异噁松等芽前除草剂进行土壤封闭处理；鼠麴草3~5叶期使用精喹·异噁草松等苗后除草剂进行茎叶喷雾处理。

鼠麴草苗期

鼠麴草花序

鼠麴草成株期

18. 多茎鼠麴草

【学名】*Gnaphalium polycaulon* Pers.

【生活型】一年生杂草。

【识别特征】除子叶外全株被白色绵毛。子叶小，近圆形，暗紫色，无柄。茎匍匐或直立，基部多分枝，密被白色绵毛。叶互生，稍抱茎，全缘。头状花序多数，在茎、枝顶端或上部叶腋密集成穗状或圆锥状，无梗。小花淡黄色。瘦果，有乳突，冠毛白色。

【分布】凉山、宜宾、达州、德阳。

【防除要点】烟苗移栽前1~3d可使用二甲戊灵、异噁草松、仲灵·异噁松等芽前除草剂进行土壤封闭处理；多茎鼠麴草3~5叶期使用精喹·异噁草松等苗后除草剂进行茎叶喷雾处理。

多茎鼠麴草花序

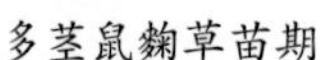
多茎鼠麴草苗期

多茎鼠麴草成株期

19. 三叶鬼针草

【学名】*Bidens pilosa* L.

【生活型】一年生杂草。

【识别特征】子叶条状披针形，先端急尖，基部楔形，全缘，具柄。初生叶2片，椭圆形，1回羽状深裂，裂片长卵形，叶缘有短睫毛，叶脉明显，具柄。成株中部叶对生，3深裂或羽状裂，裂片卵形或卵状披针形，先端渐尖，基部近圆形，边缘有锯齿或分裂。上部叶对生或互生，3裂或不裂。头状花序，总苞基部被细毛。瘦果，稍有硬毛，4棱，顶端具倒刺毛的芒刺3~4枚。

【分布】凉山、攀枝花、宜宾、泸州、达州。

【防除要点】烟苗移栽前1~3d可使用异噁草松、仲灵·异噁松等芽前除草剂进行土壤封闭处理。

三叶鬼针草成株期

三叶鬼针草苗期

三叶鬼针草花序

三叶鬼针草果实

20. 腺梗豨莶

【学名】*Siegesbeckia pubescens* Makino

【生活型】一年生杂草。

【识别特征】茎直立，上部二歧分枝，被灰白色长柔毛和糙毛。基部叶花期枯萎，中部叶菱状卵形，基部宽楔形，下延成翅柄，边缘有不规则粗齿，基出 3 脉，两面被平伏短柔毛。沿脉有长柔毛。头状花序排成圆锥状。花黄色。瘦果，无冠毛。

【分布】凉山、攀枝花、宜宾、广元、达州。

【防除要点】烟苗移栽前 1~3d 可使用异噁草松、仲灵 · 异噁松等芽前除草剂进行土壤封闭处理。

腺梗豨莶幼苗

腺梗豨莶苗期

腺梗豨莶花序

腺梗豨莶成株期

21. 小飞蓬

【学名】*Conyza canadensis*（L.）Cronq.（*Erigeron canadensis* L.）

【别名】小白酒菊。

【生活型】越年生杂草。

【识别特征】子叶阔卵形或近圆形，先端钝圆，基部圆形，全缘，具短柄。初生叶 1 片，近圆形，先端圆，有突尖，基部圆形，全缘，有睫毛，叶两面有短柔毛，中脉明显，具长柄。成株

小飞蓬幼苗

小飞蓬苗期

小飞蓬花序

小飞蓬成株期

茎直立，疏被硬毛，上部多分枝。叶互生，条状披针形，先端尖，基部狭，全缘或具微锯齿，边有长“睫毛”。无明显叶脉。头状花序多数，有短梗，在茎顶密集成长圆锥状或伞房式圆锥状。瘦果，冠毛污白色，刚毛状。

【分布】全省各烟区均有分布。

【防除要点】杂草 2~4 叶期可使用砜嘧磺隆等苗后除草剂进行茎叶喷雾处理。

22. 野茼蒿

【学名】*Crassocephalum crepidioides* S.Moore

【生活型】一年生或越年生杂草。

【识别特征】主根较粗壮。茎直立，有纵条纹。叶互生，叶片矩圆状椭圆形，先端渐尖，基部楔形，边缘有重锯齿或基部羽状分裂，两面近无毛。具柄。头状

野茼蒿幼苗

野茼蒿花

野茼蒿花序

野茼蒿成株期

花序大，下垂，生于茎枝端排成圆锥状。花全为两性，筒状，粉红色，花冠顶端5齿裂。瘦果，赤红色，有条纹，被毛，冠毛白色。

【分布】凉山、攀枝花、宜宾、泸州、达州。

【防除要点】杂草2~4叶期可使用砜嘧磺隆等苗后除草剂进行茎叶喷雾处理。

23. 刺儿菜

【学名】*Cirsium segetum* Bge.

【别名】小蓟。

【生活型】多年生杂草。

【识别特征】初生叶1片，叶缘有齿，齿尖带刺状毛。中脉明显，无毛。成株根状茎长，上部分枝。基生叶花期枯萎。叶椭圆形，有刺，两面被蛛丝状毛。头状花序单生茎端，雌雄异株，雄株头状花序较小，雌株较大。花冠全为管状花，紫红色。瘦果，稍扁平，冠毛羽状，淡褐色。

【分布】宜宾、泸州、广元、达州。

【防除要点】较难防除。可人工拔除或在垄间保护性施用草铵膦，注意避免喷到烟叶上。

刺儿菜苗期

刺儿菜花序

刺儿菜成株期

24. 胜红蓟

【学名】*Ageratum conyzoides* L.

【别名】藿香蓟。

【生活型】一年生杂草。

【识别特征】子叶近圆形，先端钝圆，基部圆形，具柄。初生叶2片，卵形，先端钝尖，基部宽楔形，被柔毛，叶缘有疏齿及睫毛。全株有香味。成株被白色多节长柔毛，茎稍带紫色。叶对生，菱状卵形，先端钝尖，基部圆或宽楔形，少有心形，边缘有钝圆锯齿。两面被毛。具长柄。头状花序在茎、枝顶密集成伞房花序。花冠淡紫色或白色。瘦果黑色，冠毛鳞片状，先端渐狭成芒，5枚。

【分布】凉山、攀枝花、宜宾、达州。

【防除要点】杂草 2~4 叶期可使用砜嘧磺隆等苗后除草剂进行茎叶喷雾处理。

胜红蓟幼苗

胜红蓟花序

胜红蓟成株期

25. 尼泊尔蓼

【学名】*Polygonum nepalense* Meisn.

【生活型】一年生草本。

【识别特征】成株茎直立或斜生，细弱，有分枝，具纵条纹。叶卵形至三角状卵形，先端渐尖，基部逐渐成有翅的柄，下面密生黄色腺点。托叶鞘筒状膜质。头状花序，其下有叶状总苞，顶生或腋生。花被片 4 枚，粉红色或白色。瘦果，黑褐色，密生小点。

【分布】凉山、攀枝花、宜宾、泸州、广元、达州。

【防除要点】烟苗移栽前 1~3d 可使用二甲戊灵、异噁草松、仲灵・异噁松等芽前除草剂进行土壤封闭处理；尼泊尔蓼 2~4 叶期可使用砜嘧磺隆等苗后除草剂进行茎叶喷雾处理。

尼泊尔蓼幼苗

尼泊尔蓼花序

尼泊尔蓼成株期

26. 酸模叶蓼

【学名】*Polygonum lapathifolium* L.

【生活型】一年生草本。

【识别特征】全株被白色粗硬毛。子叶长椭圆形，背面紫红色，有短柄。初生叶 1 片，卵形，叶脉明显，上面有新月形褐斑，下面密生白色硬毛。具短柄。成株茎直立，有分枝，粉红色，节部膨大。叶宽披针形，上有月形褐斑，下面主脉有粗硬毛。托叶鞘筒状，膜质，先端截形，褐色。圆锥花序顶生或腋生。花淡红或白色。瘦果，褐色。

【分布】全省各烟区均有分布。

【防除要点】烟苗移栽前 1~3d 可使用二甲戊灵、异噁草松、仲灵・异噁松等芽前除草剂进行土壤封闭处理；酸模叶蓼 2~4 叶期可使用砜嘧磺隆等苗后除草剂进行茎叶喷雾处理。

酸模叶蓼苗期

酸模叶蓼花序

酸模叶蓼成株期

27. 绵毛酸模叶蓼

【学名】*Polygonum lapathifolium* L.var.*salicifolium* Sibth.

【生活型】一年生杂草。

【识别特征】为酸模叶蓼的一个变种。全株呈灰白绿色。子叶长卵形，较肥厚，基部联合。初生叶 1 片，披针形，先端钝，基部楔形，全缘，叶上面被绵毛。成株器官形态和正种相似，主要区别是叶片下面密被灰白色绵毛。

绵毛酸模叶蓼幼苗

【分布】宜宾、泸州、达州、

绵毛酸模叶蓼花序

绵毛酸模叶蓼成株期

德阳。

【防除要点】烟苗移栽前 1~3d 可使用二甲戊灵、异噁草松、仲灵·异噁松等芽前除草剂进行土壤封闭处理；绵毛酸模叶蓼 2~4 叶期可使用砜嘧磺隆等苗后除草剂进行茎叶喷雾处理。

28. 水蓼

【学名】*Polygonum hydropiper* L.

【生活型】一年生杂草。

【识别特征】叶及嫩茎均具辣味。成株茎直立或倾斜，不分枝，或基部分枝，无毛，下部节上常生不定根。叶片披针形，两端渐尖，两面均有透明腺点，无毛或有时沿主脉被稀疏硬伏毛，叶缘具缘毛；叶柄短；托叶鞘筒状，疏生短伏毛，

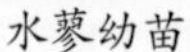
水蓼幼苗

水蓼成株

先端截形，有短“睫毛”。总状花序顶生或腋生。瘦果，顶端尖，暗褐色，有小点，稍有光泽。

【分布】凉山、宜宾、泸州、广元、达州、德阳。

【防除要点】烟苗移栽前 1~3d 可使用二甲戊灵、异噁草松、仲灵·异噁松等芽前除草剂进行土壤封闭处理；水蓼 2~4 叶期可使用砜嘧磺隆等苗后除草剂进行茎叶喷雾处理。

29. 细柄野荞麦

【学名】*Fagopyrum gracilipes*（Hemsl.）Damm. ex Diels

【生活型】一年生杂草。

【识别特征】茎直立，自基部分枝，具纵棱，疏被短糙伏毛。叶卵状三角形，两面疏生短糙伏毛；托叶鞘膜质，偏斜，顶端尖。总状花序顶生或腋生，极稀疏，间断；花梗细长，俯垂；花被片 5 枚，淡红色，椭圆形，背部具绿色脉，果时花被稍增大；瘦果宽卵形，有 3 条纵沟，有光泽。

【分布】凉山、攀枝花、宜宾、泸州。

【防除要点】烟苗移栽前 1~3d 可使用二甲戊灵、异噁草松、仲灵·异噁松等芽前除草剂进行土壤封闭处理；细柄野荞麦 2~4 叶期可使用砜嘧磺隆等苗后除草剂进行茎叶喷雾处理。

细柄野荞麦苗期

细柄野荞麦成株期

30. 空心莲子草

【学名】*Alternanthera philoxeroides*（Mart.）Griseb.

【别名】水花生、革命草。

【生活型】多年生杂草。

【识别特征】下胚轴显著，无毛；子叶出土，长椭圆形，无毛，具短柄；上胚轴和茎均被两行柔毛，初生叶和成长叶相似而较大，几无毛。茎基部匍匐，节处生根，上部斜升，中空，具不明显 4 棱。叶对生，矩圆形或倒披针形，顶端圆钝，全缘，革质，有睫毛。头状花序单生于叶腋。有时不结籽，由根茎出芽繁殖。

【分布】全省各烟区均有分布。

【防除要点】多年生，较难防除。可人工拔除或在垄间保护性施用氯氟吡氧乙酸或草铵膦，注意避免喷到烟叶上。

空心莲子草烟田危害状

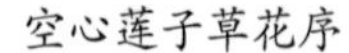

空心莲子草花序

空心莲子草成株期

31. 凹头苋

【学名】*Amaranthus lividus* L.

【生活型】一年生杂草。

【识别特征】子叶椭圆形，先端钝尖，基部渐窄，全缘。初生叶 1 片，阔卵形，先端具凹缺，有长柄。全株光滑无毛。成株茎伏卧而上升，基部分枝。叶卵形或菱状卵形，顶端凹缺，有一芒尖。穗状花序或圆锥花序顶生，花簇腋生。胞果卵形，扁平，不开裂。种子黑色具

凹头苋苗期

凹头苋花序

环状边缘。

【分布】全省各烟区均有分布。

【防除要点】烟苗移栽前 1~3d 可使用二甲戊灵、异噁草松、仲灵·异噁松等芽前除草剂进行土壤封闭处理；凹头苋 2~4 叶期可使用砜嘧磺隆等苗后除草剂进行茎叶喷雾处理。

凹头苋成株期

32. 反枝苋

【学名】*Amaranth retroflexus* L.

【生活型】一年生杂草。

【识别特征】子叶长椭圆形，先端钝，基部楔形，有柄。下面紫红色。初生叶 1 片，卵形，全缘，先端微凹。成株茎直立，粗壮，淡红色，稍具钝棱，密生短柔毛。叶互生，椭圆形，顶端具小突尖，两面有柔毛，具长柄。花单性或杂性，圆锥花序顶生或腋生，由多数穗状花序集成。胞果扁球形，包于宿存花被内。种子近球形，棕黑色。

【分布】凉山、攀枝花、宜宾、广元、达州、德阳。

【防除要点】烟苗移栽前 1~3d 可使用二甲戊灵、异噁草松、仲灵·异噁松等芽前除草剂进行土壤封闭处理；反枝苋 2~4 叶期可使用砜嘧磺隆等苗后除草剂

反枝苋幼苗

反枝苋苗期

反枝苋穗

反枝苋成株期

进行茎叶喷雾处理。

33. 碎米荠

【学名】*Cardlamine hirsuta* L.

【生活型】一年生或越年生杂草。

【识别特征】子叶近圆形，先端钝圆，微凹，叶基部圆形，全缘，具长柄。初生叶 1 片，三角状卵形，叶基截形，全缘，具长柄。成株茎直立或斜卧，不分枝或基部分枝。叶为单数羽状复叶，基生叶具小叶 1~3 对，顶生小叶卵圆形，有 3~15 圆齿。侧生小叶较小，歪斜。茎生小叶 2~3 对，狭倒卵形，上面及边缘均有柔毛。总状花序开花时呈伞房状，果时延长。花白色。长角果条形，果梗不弯曲。种子 1 行，棕褐色。

【分布】全省各烟区均有分布。

【防除要点】烟苗移栽前 1~3d 可使用异噁草松、仲灵 · 异噁松等芽前除草剂进行土壤封闭处理。

碎米荠幼苗

碎米荠果实

碎米荠成株期

34. 荠菜

【学名】*Capsella bursa-pastoris* Medic.

【生活型】越年生杂草。

【识别特征】子叶椭圆形，先端圆，基部渐窄至柄。初生叶 1 片，卵形，叶片和叶柄均被贴生的星状毛。成株茎直立，有分枝。基生叶莲座状，大头羽裂，具长柄。茎生叶披针形，抱茎，边缘有缺刻或锯齿。基生叶有柄。茎生叶无柄，长圆状卵形至披针形，边缘具细齿，基部延伸成耳状半抱茎。茎叶疏生单硬毛和星状毛。总状花序顶生或腋生，花瓣 4 枚，白色。短角果，扁平，先端微凹。种子 2 行，长椭圆形，淡褐色。

【分布】凉山、宜宾、泸州、广元、达州、德阳。

【防除要点】烟苗移栽前 1~3d 可使用异噁草松、仲灵 · 异噁松等芽前除草剂进行土壤封闭处理。

荠菜苗期

荠菜果实

荠菜成株期

35. 野芥菜

【学名】*Brassica juncea*（L.）Czern et Coss.

【别名】野油菜。

【生活型】一年生或越年生杂草。

【识别特征】成株茎直立，上部多分枝。无毛或具刺毛，常带白色霜粉。基生叶宽卵形至倒卵形。先端钝圆，不分裂或大头羽状分裂，边缘有缺刻或牙齿，叶柄上有小裂片。茎下部的叶较小，边缘有缺刻，有时具钝圆锯齿，不抱茎。上部叶狭披针形至条形，具不明显的疏齿或全缘。总状花序顶生，花后延长。花黄色。长角果线形，果瓣具 1 突出中脉。种子球形，紫褐色。

【分布】凉山、攀枝花、宜宾、广元、达州、德阳。

【防除要点】烟苗移栽前 1~3d 可使用异噁草松、仲灵 · 异噁松等芽前除草

野芥菜苗期

野芥菜

剂进行土壤封闭处理；野芥菜 2~4 叶期可使用砜嘧磺隆等苗后除草剂进行茎叶喷雾处理。

36. 繁缕

【学名】*Stellaria media*（L.）Cyr.

【别名】鹅儿肠。

【生活型】一年生或越年生杂草。

【识别特征】子叶长卵形，先端急尖，全缘，有长柄。初生叶 2 片，卵圆形，有长柄，柄上疏生长柔毛，基部联合抱茎。成株茎纤细，基部分枝，直立或平卧，茎上有 1 行短柔毛。叶对生，叶片卵形。先端急尖。中下部叶有长柄，两侧疏生柔毛。花单生或成聚伞花序。蒴果卵圆形，较萼长，顶端 6 裂。种子扁肾形，有一缺刻，黑褐色，密生小突起。

繁缕茎上的毛

【分布】凉山、攀枝花、宜宾、泸州、广元、达州。

【防除要点】烟苗移栽前 1~3d 可使用二甲戊灵、异噁草松、仲灵·异噁松等芽前除草剂进行土壤封闭处理；繁缕 2~4 叶期可使用砜嘧磺隆等苗后除草剂进行茎叶喷雾处理。

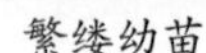

繁缕幼苗

繁缕花序

繁缕成株期

37. 铁苋菜

【学名】*Acalypha australis* L.

【别名】海蚌含珠、麦麸菜。

【生活型】一年生杂草。

【识别特征】幼苗除子叶外全株被毛。子叶近圆形，全缘，具长柄。初生叶 2 片，卵形，边缘有钝齿。成株茎直立，有棱，被毛。叶互生，有长柄。叶片卵状披针形，先端尖，基部楔形，边缘有钝齿。托叶披针形。花单性，雌雄同序，无花瓣。雄花生于花序上端，穗状，紫红色，花萼 4 裂，雄蕊 8 枚。雌花在下，生于叶状苞片内，苞片开时三角状卵形，合时如蚌，缘有齿。蒴果钝三角形，表面有毛。种子卵形。

【分布】全省各烟区均有分布。

【防除要点】烟苗移栽前 1~3d 可使用二甲戊灵、异噁草松、仲灵·异噁松等芽前除草剂进行土壤封闭处理。

铁苋菜苗期

铁苋菜果实

铁苋菜花序

铁苋菜成株期

38. 鸭跖草

【学名】*Commelina communis* L.

【生活型】一年生杂草。

【识别特征】初生叶 1，椭圆形，先端锐尖，有光泽。叶柄基部有子叶鞘抱茎。子叶鞘与种子间有子叶连接。第 2~4 叶为卵状披针形。成株茎分枝，下部匍匐生根，须根系。单叶互生，卵状披针形，基部叶鞘短，膜质，鞘口疏生软毛。总苞片佛焰苞状，有柄，心状卵形，向上对折叠。聚伞花序有花数朵。花瓣 3 片，分离，蓝色，侧生 2 片大。蒴果 2 室，每室 2 粒种子。种子暗褐色，表面有皱纹。

【分布】全省各烟区均有分布。

鸭跖草苗期

鸭跖草花序

鸭跖草成株期

【防除要点】烟苗移栽前 1~3d 可使用异噁草松、仲灵・异噁松等芽前除草剂进行土壤封闭处理。

39. 饭包草

【学名】*Commelina benghalensis* L.

【生活型】一年生杂草。

【识别特征】初生叶基部有子叶鞘，子叶鞘与种子间有子叶连接。初生叶椭圆形，具 5 条弧形脉，全缘，叶基及鞘口均有柔毛。成株须根系。茎匍匐，多分枝，下部茎节处生须根，上部枝上升。茎被疏柔毛。叶鞘疏生长睫毛。叶互生，宽卵形至卵状椭圆形，先端钝头，叶柄短。总苞片佛焰苞状，常数个生枝顶，基部成漏斗状，柄极短。聚伞花序有花数朵。花瓣 3 片，蓝色，具爪。蒴果。种子暗褐灰色，表面有皱纹。

【分布】攀枝花、宜宾、达州。

【防除要点】移栽前 1~3d 可使用异噁草松、仲灵・异噁松等芽前除草剂进行土壤封闭处理。

饭包草苗期

饭包草花序

饭包草成株期

40. 藜

【学名】*Chenopodium album* L.

【别名】灰灰菜。

【生活型】一年生杂草。

【识别特征】幼苗灰绿色，全株布满白色粉粒。子叶长椭圆形，肉质，具柄，初生叶 1 片，三角状卵形。成株茎直立，多分枝，有棱及条纹。叶互生，有长柄，叶片棱状卵形，下面被粉粒。圆锥花序有多数花簇聚合而成。花两性。胞果完全包于花被内或稍露，果皮及种子贴伏。种子双凸状，黑色，有光泽，具浅沟纹。

【分布】全省各烟区均有分布。

【防除要点】烟苗移栽前 1~3d 可使用二甲戊灵、异噁草松、仲灵·异噁松等芽前除草剂进行土壤封闭处理；藜 2~4 叶期可使用砜嘧磺隆进行茎叶喷雾处理。

藜小苗期

藜大苗期

藜成株期

41. 小藜

【学名】*Chenopodium sertinum* L.

【生活型】一年生杂草。

【识别特征】子叶条形，肉质，具短柄，初生叶 2 片，条状，基部楔形，全缘，下面紫红色，具短柄。成株茎直立，分枝，有条纹。叶互生，长圆形，边缘具波状齿。中下部叶片基部有 2 个裂片，两面疏生粉粒。花序穗状或圆锥状。花两性。胞果包于花被内，果皮膜质与种子贴生。种子双凸状，黑色，有光泽，表面具六角形细洼。

【分布】凉山、攀枝花、广元、达州、德阳。

【防除要点】烟苗移栽前 1~3d 可使用二甲戊灵、异噁草松、仲灵·异噁松等芽前除草剂进行土壤封闭处理；小藜 2~4 叶期可使用草铵膦进行茎叶喷雾处理。

小藜苗期

小藜花序

小藜成株期

42. 丁香蓼

【学名】*Ludwigia prostrata* Roxb.

【生活型】一年生杂草。

【识别特征】子叶近棱形或阔卵形，先端钝尖，全缘，基部楔形，具1中脉，有柄。初生叶2片，卵形，先端钝尖，中脉明显，有柄。成株茎近直立或基部倾斜，有纵棱，多分枝。叶互生。叶片长圆状披针形，全缘，叶有柄。花两性，单生叶腋，无梗。基部具2小苞片。花瓣4片，黄色，稍短于萼片。蒴果圆柱形，略带绿色，成熟后，室背果皮不规则开裂，具多数种子。种子微小，椭圆形，棕黄色或褐色。

丁香蓼幼苗期

【分布】凉山、宜宾、泸州、达州、德阳。

【防除要点】烟苗移栽前1~3d可使用异噁草松、仲灵·异噁松等芽前除草剂进行土壤封闭处理。

丁香蓼苗期

丁香蓼花序

丁香蓼成株期

43. 通泉草

【学名】*Mazus pumilus*（Burm.f）V.Steenis

【别名】花花草。

【生活型】一年生或越年生杂草。

【识别特征】除子叶外全体被毛。子叶近圆形或阔卵形，先端钝尖，基部圆形，有柄。初生叶1片，卵圆形，具柄。成株茎直立或斜升，自基部多分枝。基生叶莲座状，倒卵状匙形，全缘或具疏齿，基部楔形，下延成带翅的柄，早落。

茎生叶对生或互生，近似基生叶。总状花序顶生，花梗长，稀疏。花冠淡紫色或蓝色。蒴果球形，无毛，与萼筒平。种子小，多数，黄色。

【分布】凉山、攀枝花、宜宾、泸州、达州、德阳。

【防除要点】杂草 2~4 叶期可使用砜嘧磺隆进行茎叶喷雾处理。

通泉草苗期

通泉草花

通泉草成株期

44. 陌上菜

【学名】*Lindernia procumbens*（Krock.）Philcox

【生活型】一年生或越年生杂草。

【识别特征】初生叶 2 片，匙形或倒卵形，全缘，有较明显的 3 条基出脉。茎基部多分枝。叶无柄，叶片椭圆形，全缘，平行叶脉 3~5 条。花单生叶腋，花梗纤细，比叶长。花冠粉红色或紫色，二唇形。蒴果卵球形，与萼近等长，室间 2 裂。种子多数，有格纹。

【分布】凉山、宜宾、达州、德阳。

【防除要点】杂草 2~4 叶期可使用砜嘧磺隆进行茎叶喷雾处理。

陌上菜幼苗

陌上菜苗期

陌上菜花序

陌上菜成株期

45. 扬子毛茛

【学名】*Ranunculus sieboldii* Miq.

【生活型】多年生杂草。

【识别特征】子叶阔卵形，先端钝圆，具3出脉，无毛，有柄。初生叶1片，掌状叶，3浅裂，裂片边缘有锯齿，有明显5条脉，具长柄。成株茎常匍匐，密生伸展柔毛。叶为3出复叶，叶片轮廓宽卵形，中央小叶具较长柄，宽卵形或菱状卵形，3裂，裂片上部边缘有锯齿，侧生小叶较小，具短柄，不等的2裂。花对叶生，有长梗，外被疏毛。花瓣5片，黄色，近椭圆形。聚合果球形，瘦果卵形，扁，有喙。

【分布】全省各烟区均有分布。

【防除要点】较难防除。可人工拔除或在垄间保护性施用草甘膦，注意避免喷到烟叶上。

扬子毛茛幼苗　扬子毛茛苗期　扬子毛茛茎

扬子毛茛花　扬子毛茛果实　扬子毛茛成株期

46. 风轮菜

【学名】*Clinopodium chinense*（Benth.）O.Ktze.

【生活型】多年生杂草。

风轮菜幼苗

【识别特征】具匍匐茎。茎上部多分枝。被短柔毛及具腺微柔毛。叶片卵形，上面被平伏短硬毛，下面被疏柔毛，叶缘具圆锯齿。有短柄。轮伞花序多花，密集成半球形。花萼狭筒状，紫红色。花冠紫红色，上唇直伸，先端微凹，下唇3

风轮菜苗期

风轮菜花序

风轮菜茎

风轮菜成株期

裂。小坚果倒卵形，黄褐色。

【分布】宜宾、泸州、广元、达州、德阳。

【防除要点】较难防除。可人工拔除或在垄间保护性施用草铵膦，注意避免喷到烟叶上。

47. 酢浆草

【学名】*Oxalis corniculata* L.

【别名】酸浆草。

【生活型】多年生杂草。

【识别特征】子叶椭圆形，全缘，叶柄短。初生叶 1 片，掌状 3 出复叶，小叶倒心形，先端微凹，具长柄。叶缘及柄有柔毛。成株根茎细弱。茎平卧。节上生不定根。3 出复叶，互生。小叶倒心形。叶柄长，基部有关节。托叶小而明显，与叶柄贴生。伞形花序，腋生，有花 1 至数朵。花黄色。花瓣 5 片，长圆状倒卵形，先端微凹。蒴果圆柱形，有 5 棱。种子多数，长圆状卵形，扁平，红褐色。

【分布】全省各烟区均有分布。

【防除要点】较难防除。可人工拔除或在垄间保护性施用草铵膦，注意避免喷到烟叶上。

酢浆草

酢浆草果实

酢浆草成株期

48. 猪殃殃

【学名】*Galium aparine* L.var. *tenerum* （Gren.et Godr.）Rcbb.

【别名】锯锯藤。

【生活型】一年生或越年生蔓生或攀缘杂草。

【识别特征】子叶椭圆形，先端微凹，基部近圆形，全缘，中脉1条，具长柄。初生叶4片轮生，卵形，先端钝尖，基部阔楔形，叶缘有睫毛，中脉明显，具叶柄。茎4棱，多分枝，棱、叶缘及叶下面中脉上生倒钩刺毛。叶6~8片，轮生，条状倒披针形，先端具突尖，1脉。聚伞花序腋生或顶生。花小，单生或3~10簇生，疏散，黄绿色。有纤细的梗。果实双头形，密生钩状刺。

【分布】凉山、攀枝花、宜宾、广元、达州、德阳。

【防除要点】杂草2~4叶期可使用砜嘧磺隆进行茎叶喷雾处理。

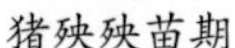
猪殃殃苗期

猪殃殃成株期

49. 大巢菜

【学名】*Vicia sativa* L.

【别名】救荒野豌豆。

【生活型】一年生杂草。

【识别特征】羽状复叶，有分枝卷须。托叶戟形。小叶 8~16 片，椭圆形或倒卵形。花 1~2 朵生于叶腋。花梗短，疏被短毛。萼钟状，齿 5 个，披针形，被短毛。花冠蝶形，紫红色。子房无柄，无毛，花柱顶端背部有髯毛。荚果扁平，条形。种子 6~9 粒，球形，棕色或深褐色。

【分布】凉山、攀枝花、广元、达州。

【防除要点】杂草 2~4 叶期可使用砜嘧磺隆进行茎叶喷雾处理。

大巢菜幼苗

大巢菜花

大巢菜果荚

大巢菜成株期

50. 苦藏

【学名】*Physalis angulata* L.

【别名】灯笼草、灯笼泡、天泡草。

【生活型】一年生杂草。

【识别特征】全体近无毛或仅生稀疏短柔毛。无根状茎，茎直立，多分枝，分枝纤细。叶卵形至卵状椭圆形，全缘或有不等大的牙齿。单花腋生。花梗被短柔毛；花冠淡黄色，喉部常有紫色斑纹；花药蓝紫色。浆果球形；种子肾形或近卵圆形，两侧扁平，淡棕褐色，表面具细网状纹，网孔密而深。

苦藏幼苗

【分布】凉山、攀枝花、达州。

【防除要点】杂草 2~4 叶期可使用砜嘧磺隆进行茎叶喷雾处理。

苦蘵花序

苦蘵成株期

51. 凹叶景天

【学名】*Sedum emarginatum* Migo.

【别名】马芽苋、石马齿苋、凹叶佛甲草。

【生活型】多年生杂草。

【识别特征】子叶、初生叶、真叶均为全缘，叶脉不明显，叶质厚嫩多汁。茎下部匍匐，节上生须根。上部直立，淡紫色，略呈四方形，棱钝，平滑、有槽。叶对生。复聚伞花序顶生，有多花，常有 3 分枝。花无梗，萼片 5 枚，披针形至狭长圆形。花瓣 5 片，黄色，有短尖。雄蕊 10 枚，花药紫色。蓇葖果。

【分布】宜宾、泸州。

【防除要点】多较难防除。可人工拔除或在垄间保护性施用草铵膦，注意避免喷到烟叶上。

凹叶景天幼苗

凹叶景天花序

凹叶景天成株期

52. 打碗花

【学名】*Calystegia hederacea* Wall.

【生活型】多年生杂草。

【识别特征】初生叶1片，基部稍耳状，叶脉明显。茎缠绕，自基部分枝。叶互生，具长柄。基部叶近椭圆形，中、上部以三角状戟形，3裂，侧裂片开展，中裂片长圆状披针形。花单生于叶腋。花梗与叶片等长，具细棱。花冠漏斗状，粉红色。蒴果卵圆形，种子倒卵形，黑褐色，表面有小瘤突。

【分布】凉山、宜宾、泸州、广元。

【防除要点】较难防除。可人工拔除或在垄间保护性施用草铵膦，注意避免喷到烟叶上。

打碗花幼苗

打碗花苗期

打碗花

打碗花成株期

53. 附地菜

【学名】*Trigonotis peduncularis*（Trev.）Benth.

【生活型】一年生杂草。

【识别特征】全株被短糙伏毛。茎自基部分枝，匍匐、斜升或直立，有短糙伏毛。叶互生。基生叶及茎下部叶椭圆状卵形或匙形，有长柄。中、上部叶柄短或无柄。两面有糙毛。总状花序顶生，先端呈尾弯状，花生于花序之一侧。花有细梗。花冠淡蓝色，喉部黄色。小坚果4枚，四面体形，

附地菜苗期

附地菜花

附地菜

附地菜成株期

具细毛，棱尖锐，黑褐色。

【分布】宜宾、泸州、达州、德阳。

【防除要点】杂草 2~4 叶期可使用砜嘧磺隆进行茎叶喷雾处理。

54. 蛇莓

【学名】*Duchesnea indica*（Andr.）Focke

【生活型】多年生匍匐杂草。

【识别特征】茎纤细，匍匐，被长柔毛，节上常生不定根。掌状 3 出复叶，基生叶具长柄，小叶片菱状卵形或倒卵形，边缘具粗钝锯齿，两面被疏柔毛。托叶卵状披针形，被毛。花单生叶腋。花梗细，被柔毛。花瓣 5 片，黄色，倒卵形，先端微凹。瘦果小，长圆状卵形，暗红色。

蛇莓苗期

【分布】宜宾、泸州、达州。

【防除要点】较难防除。可人工拔除或在垄间保护性施用草铵膦，注意避免喷到烟叶上。

蛇莓花

蛇莓果实

蛇莓成株期

55. 散生木贼

【学名】*Equisetum diffusum* Don

【生活型】多年生杂草。

【识别特征】地上茎一型，高可达 30cm 以上，除基部与近顶部外，均具细而密的轮生分枝。叶鞘状，鞘齿通常为三角形或钻形，深褐色，不脱落，茎上部的鞘齿与鞘筒等长，鞘片背具 2 棱脊。孢子囊圆柱形，钝头；孢子叶钝六角形，成熟后黑色，下面生 6~8 个孢子囊。

散生木贼根部

【分布】凉山、宜宾、泸州、广元、德阳。

【防除要点】较难防除。可人工拔除或在垄间保护性施用草铵膦，注意避免喷到烟叶上。

散生木贼

56. 笔管草

【学名】*Equisetum debile* Roxb.

【别名】木贼。

【生活型】多年生杂草。

【识别特征】地上茎一型，高可达 1m 以上，黄绿色，坚硬，粗壮，纵棱近平滑，不分枝或具光滑小枝；叶鞘状，鞘齿褐色，脱落。孢子囊长圆形，尖头；孢子一型。

【分布】凉山、宜宾、泸州。

【防除要点】较难防除。可人工拔除或在垄间保护性施用草铵膦，注意避免喷到烟叶上。

笔管草

笔管草

57. 香附子

【学名】*Cyperus rotunolus* L.

【生活型】多年生杂草。

【识别特征】第 1 叶条状披针形，有明显平行脉 5 条。第 2 片叶与第 1 片叶相似。成株具匍匐状根茎和块茎。秆直立，散生，有三锐棱。叶基生，短于秆。苞片 2~3 片，叶状，长于花序。长侧枝聚伞花序简单或复出，辐射枝 3~6 枝。小穗条形，3~10 个排成伞房花序。小穗轴有白色透明的翅。鳞片紧密，2 列，圆卵形，中间绿色，两侧紫红色。柱头 3 枚。小坚果矩圆状倒卵形，表面有细点。

【分布】凉山、攀枝花、宜宾、德阳。

【防除要点】较难防除。可人工拔除或在垄间保护性施用草铵膦，注意避免喷到烟叶上。

香附子地下茎

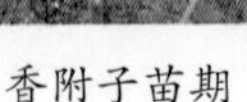

香附子苗期　　香附子穗部　　香附子成株期

58. 异型莎草

【学名】*Cyperus difformis* L.

【生活型】一年生杂草。

【识别特征】第 1~3 叶宽条形，边缘波状，平滑，黄绿色。叶鞘膜质，具 3 条较明显平行脉。秆丛生，扁三棱形。叶基生，短于秆，条形，中脉隆起。长侧枝聚伞花序简单，辐射枝 3~9 枚。小穗多数，条形，有 8~28 朵花，密集成头状花序。

异型莎草花序

异型莎草成株期

小穗轴近无翅。鳞片膜质，2 列，近扁圆形，中间淡黄色，两侧深紫红色，边缘白色透明，3 脉。小坚果倒卵状椭圆形，有 3 棱，淡黄色。

【分布】宜宾、广元、达州、德阳。

【防除要点】烟苗移栽前 1~3d 可使用二甲戊灵等芽前除草剂进行土壤封闭处理；异型莎草 2~4 叶期可使用砜嘧磺隆等苗后除草剂进行茎叶喷雾处理。

59. 碎米莎草

【学名】*Cyperus iria* L.

【生活型】一年生杂草。

【识别特征】第 1 叶条状披针形，平行脉有 3 条明显。叶鞘膜质，具 10 脉。秆丛生，纤细，扁三棱形。叶基生，短于秆，叶鞘红棕色。叶状苞 3~5 枚，下部的较花序长。长侧枝聚伞花序复出，辐射枝 4~9 枝。每枝有 5~10 个穗状花序。穗状花序长圆卵形，有 5~22 小穗。小穗直立，长圆形，压扁，有 6~22 朵花。小穗轴近无翅。鳞片 2 列，顶端干膜质，有短尖，黄色，3~5 脉。小坚果椭圆形，有 3 棱，褐色，密生突起细点。

【分布】凉山、达州、德阳。

【防除要点】烟苗移栽前 1~3d 可使用二甲戊灵等芽前除草剂进行土壤封闭处理；碎米莎草 2~4 叶期可使用砜嘧磺隆等苗后除草剂进行茎叶喷雾处理。

碎米莎草苗期

碎米莎草穗部

碎米莎草

（二）烟田一般性杂草

60. 日本看麦娘

【学名】*Alopecurus japonicus* Steud.

【生活型】一年生或越年生杂草。

【识别特征】秆丛生，直立或基部膝曲，无毛。叶鞘松弛。圆锥花序圆柱形，黄绿色。小穗长圆状卵形，含 1 小花，

日本看麦娘花序

日本看麦娘成株期

厚膜质，其下部边缘互相连合，芒自外稃基部伸出，中部稍膝曲。花药灰白色。颖果半圆形。

61. 画眉草

【学名】*Eragrostis pilosa*（L.）Beauv.

【别名】星星草、蚊子草。

【生活型】一年生杂草。

【识别特征】植株不具腺体，无鱼腥味。秆丛生，直立或基部膝曲上升。叶鞘疏松裹茎，鞘口有长柔毛；叶舌为一圈纤毛；叶片线形扁平或内卷，无毛。圆锥花序开展，分枝单生、簇生或轮生，腋间有长柔毛；小穗成熟后暗绿色或带紫色；颖膜质；雄蕊3枚。颖果长圆形。

画眉草花序

画眉草成株期

62. 小画眉草

【学名】*Eragrostis poaeoides* Beauv.

【生活型】一年生杂草。

【识别特征】植株有鱼腥味。秆丛生；叶鞘具腺点。叶舌为一圈纤毛。叶片主脉及边缘具腺体。圆锥花序开展而疏松，腋间无毛，小穗柄上具腺点。小穗条

小画眉草成株期

小画眉草花序

状披针形，绿白色。颖近等长，脉上有腺点，外稃宽卵形，无芒。颖果近球形。

63. 鹅冠草

【学名】*Roegneria kamoji* Ohwi

【生活型】多年生杂草。

【识别特征】根须状；秆丛生，直立或基部倾斜，叶鞘光滑，外侧边缘常具纤毛；叶舌长仅 0.5mm，纸质，截平；叶片扁平，光滑或较粗糙。穗状花序下垂；边缘粗糙或具短纤毛；小穗绿色或带紫色；颖卵状披针形至长圆状披针形，先端锐尖，渐尖至具短芒，芒粗糙，劲直或上部稍有曲折。

鹅观草花序

鹅观草成株期

64. 虮子草

【学名】*Leptochloa panicea*（Retz.）Ohwi

【生活型】一年生杂草。

【识别特征】叶鞘疏生疣基柔毛。叶舌膜质，多撕裂。叶片扁平，疏生疣基柔毛。穗状花序多数作总状排列于一延长主轴上。小穗偏向一侧，灰绿色或带紫色，含 2~4 小花。颖膜质，具 1 脉。外稃 3 脉。颖果圆球形。

虮子草叶鞘

虮子草苗期

虮子草花序

虮子草成株期

65. 狗牙根

【学名】*Cynodon dactylon*（L.）Pers.

【别名】绊根草、爬根草、铁线草。

【生活型】多年生杂草。

【识别特征】具根状茎或匍匐茎，节上生根及分枝。叶舌短小，具小纤毛。叶片条形，横展，淡绿色，无毛。穗状花序3~6枚成指状排列。小穗排列于穗轴的一侧。颖近等长，1脉成脊，短于外稃。外稃具3脉，无芒，颖果。

狗牙根花序

狗牙根成株期

66 黄鹌菜

【学名】*Youngia japonica*（L.）DC.

【生活型】一年生杂草。

【识别特征】茎直立。基生叶丛生，倒披针形，琴形或羽状半裂，顶裂片较侧裂片稍大，侧裂片向下渐小，有深波状齿，叶柄稍具翅。茎生叶少，仅1~2片。头状花序直立，有10~20朵小花，排成聚伞圆锥状。总花梗细。舌状花黄色。瘦果红棕色，纺锤形，稍扁，无喙。

黄鹌菜苗期

黄鹌菜花及种子

黄鹌菜花序

黄鹌菜成株期

67. 苣荬菜

【学名】*Sonchus brachyotus* DC.

【生活型】多年生杂草。

【识别特征】初生叶1片。全株含乳汁。茎直立，绿色或带紫红色，有条棱，基生叶簇生，有柄，茎生叶互生，无柄，基部抱茎；叶片边缘有稀疏缺刻或羽状浅裂，缺刻或裂片上有尖齿，两面无毛，绿色或蓝绿色。头状花序顶生。瘦果长椭圆形，淡褐色至黄褐色。

苣荬菜苗期

苣荬菜花

苣荬菜花序及果实

苣荬菜果序

苣荬菜成株期

68. 杖藜

【学名】*Chenopodium gigantuem* D.Don

【生活型】一年生杂草。

【识别特征】苗期顶端嫩叶有彩色粉粒而呈现紫红色。成株茎直立，粗壮，高可达2~3m。叶互生，具长柄，下部叶菱形；叶背面有粉粒或老后变为无粉。顶生大型圆锥花序，多粉，果时下垂；花序穗状或圆锥状。花两性。胞果双凸镜状，果皮膜质；种子横生，黑色或红黑色，表面具浅网纹。

杖藜苗期

杖藜成株期

69. 婆婆纳

【学名】*Veronica didyma* Tenore

【生活型】一年生杂草。

【识别特征】全体被短柔毛。茎自基部分枝，下部伏生地面。叶对生，上部互生，具短柄。叶片三角状圆形，边缘有 7~9 个钝锯齿。总状花序顶生，苞片叶状，互生，花梗略短于苞片，花后反折。花冠蓝紫色，辐状，筒部极短。蒴果近肾形，密被柔毛及腺毛。种子舟状深凹，背面具皱纹。

婆婆纳果实及花梗

婆婆纳花

婆婆纳成株期

70. 剪刀草

【学名】*Clinopodium gracile*（Benth.）Matsum.

【别名】细风轮菜。

【生活型】一年生杂草。

【识别特征】茎自匍匐茎生出，柔弱，被微毛。叶对生，卵形，叶下面脉上疏生短硬毛。轮伞花序疏离或于茎顶密集，少花。苞片针形。花萼筒状，果时下倾，基部膨大，13 脉，脉上被短硬毛，上唇 3 齿短，三角形，果时向上反折，下唇 2 齿略长，齿均被睫毛。花冠白色或紫红色。小坚果卵球形，褐色，光滑。

剪刀草花序

剪刀草茎

剪刀草成株期

71. 荔枝草

【学名】*Salvia plebeia* R.Br.

【生活型】越年生杂草。

【识别特征】全体被短毛。子叶近梯形，具柄。主根肥厚。茎被向下的疏柔毛。叶对生，椭圆状卵形或披针形。轮伞花序具 6 花，密集成总状或圆锥状花序。苞片披针形。花萼钟形，外被长柔毛。花冠淡红色至蓝紫色，稀为白色，筒内有毛环，下唇中裂片宽倒心形。小坚果，倒卵形，光滑。

荔枝草苗期

荔枝草大苗期

荔枝草花序

荔枝草成株期

72. 野老鹳草

【学名】*Geranium carolinianum* L.

【生活型】一年生杂草。

【识别特征】茎直立或斜升，有倒向下的密柔毛，分枝。叶圆肾形，下部互生，上部对生，2 回羽状深裂，小裂片条形，锐尖头，两面具柔毛。花序生于叶腋或茎端，具花 2 朵。花梗有腺毛。萼片宽卵形，有长毛，在果期增大。花瓣淡红色，与萼片近等长。蒴果顶端有长喙，成熟开裂，5 果瓣向上翻卷。

野老鹳草幼苗

野老鹳草花

野老鹳草花

野老鹳草果实

野老鹳草成株期

73. 节节菜

【学名】*Rotala indica*（Willd.）Koehne

【生活型】一年生杂草。

【识别特征】生水田中的少分枝。茎略呈四棱形，无毛。叶对生。叶片倒卵形或椭圆形，有一圈软骨质狭边，背脉突起。近无叶柄。穗状花序腋生。花小，两性，苞片叶状而小，小苞片 2 片，狭披针形。花瓣 4 片，浅红色。蒴果椭圆形，室间开裂，具横条纹。种子狭长卵形，极小，无翅。

节节菜幼苗

（三）烟田其他杂草

74. 虎尾草

【学名】*Chloris virgata* Swartz.

【生活型】一年生杂草。

【识别特征】根须状。秆丛生。叶舌具小纤毛。穗状花序 4~10 个簇生茎顶，呈指状排列。小穗单生，排列于穗轴的一侧，含 2~3 小花。颖果。

虎尾草

虎尾草果实

虎尾草成株期

75. 稗

【学名】*Echinochloa crusgalli*（L.）Beauv.

【生活型】一年生杂草。

【识别特征】秆直立或基部倾斜，无毛，丛生，无叶舌。圆锥花序常带紫色，小穗密集于穗轴的一侧。颖果白色，椭圆形。

稗花序

稗成株期

稗

76. 雀稗

【学名】*Paspalum thunbergii* Kunth

【生活型】多年生杂草。

【识别特征】秆丛生，节具柔毛。叶片条状披针形，两面密生柔毛。总状花序 3~6 枚呈总状排列于主轴上。颖果倒卵状圆形，灰白色，细点状粗糙。

雀稗苗期

雀稗茎基部

77. 狗尾草

【学名】*Setaria viridis*（L.）Beauv.

【生活型】一年生杂草。

【识别特征】叶舌毛状。叶片条状披针形。圆锥花序柱状，花序主轴上每簇含小穗数个。颖果长圆形，具细点状皱纹。

狗尾草苗期

狗尾草花序

78. 黄花蒿

【学名】*Artemisia annua* L.

【生活型】越年生杂草。

【识别特征】茎多分枝，基部及下部叶在花期枯萎。头状花序球形，下垂，排成总状或复总状，呈大型圆锥状花序。瘦果矩圆形，红褐色，无毛。

黄花蒿苗期

黄花蒿苗期

黄花蒿大苗期

79. 猪毛蒿

【学名】*Artemisia scoparia* Waldst. et Kit.

【生活型】一年生或越年生杂草。

【识别特征】植株有浓烈的香气。直根系。茎直立，暗紫色，有条棱。头状花序小，球形，下垂或斜生，极多数排成圆锥状。瘦果，深红褐色，有纵沟，无毛。

猪毛蒿叶和茎

猪毛蒿花序

猪毛蒿成株期

猪毛蒿

80. 鬼针草

【学名】*Bidens bipinnata* L.

【生活型】一年生杂草。

【识别特征】茎直立，有分枝。中、下部叶对生，2 回羽状深裂。上部叶互生，羽状分裂。头状花序。瘦果。

鬼针草幼苗

鬼针草果实

鬼针草成株期

81. 狼把草

【学名】*Bidens tripartite* L.

【生活型】一年生杂草。

【识别特征】茎直立，无毛。叶对生，中部叶常羽状 3~5 裂。上部叶 3 深裂或不裂。头状花序顶生或腋生。瘦果。

狼把草苗期

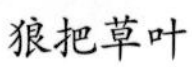
狼把草叶

狼把草花序

狼把草成株期

82. 天名精

【学名】*Carpesium abrotanoides* L.

【生活型】多年生杂草。

【识别特征】茎直立，上部多分枝。叶互生。头状花序多数，沿茎枝腋生。瘦果。

天名精幼苗

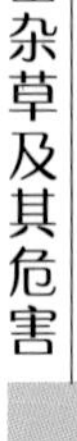

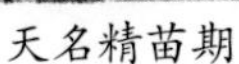
天名精苗期

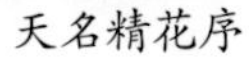
天名精花序

天名精成株期

83. 石胡荽

【学名】*Centipeda minima*（L.）A.Br. et Ascher.

【别名】球子草。

【生活型】一年生杂草。

【识别特征】茎铺散，多分枝。叶互生。头状花序小，单生于叶腋。近无总花梗。瘦果椭圆形。

石胡荽幼苗

石胡荽花序

石胡荽

84. 野塘蒿

【学名】*Conyza bonariensis*（L.）Cronq. [*Erigeron bonariensis* L.]

【生活型】一年生或越年生杂草。

【识别特征】根纺锤形。茎直立，密被贴伏短毛。头花多数，茎顶排成总状圆锥花序。瘦果，淡红褐色。

野塘蒿花序

野塘蒿苗期

野塘蒿花序

野塘蒿成株期

85. 鱼眼草

【学名】*Dichrocephala auriculata*（Thunb.）Druce

【生活型】一年生杂草。

【识别特征】茎直立或铺散，茎无毛或被柔毛。叶互生。中、下部叶有柄，上部叶近无柄。头状花序小，球形，多数头状花序在茎、枝顶端排成疏伞房状，有长梗。瘦果。

鱼眼草

鱼眼草幼苗

鱼眼草花序

鱼眼草成株期

86. 小鱼眼草

【学名】*Dichrocephala benthamii* C.B.Clarke

【生活型】一年生杂草。

【识别特征】植株直立或铺散，全体被柔毛。叶互生，无柄。上部叶有深圆齿，两面被短柔毛，基部扩大，耳状抱茎。头状花序半球形，在茎、枝顶端排成伞房状或圆锥状。瘦果。

小鱼眼草苗期

小鱼眼草花

小鱼眼草成株期

87. 一年蓬

【学名】*Erigeron annuus*（L.）Pers.

【生活型】一年生或越年生杂草。

【识别特征】茎直立。叶互生。头状花序排成伞房状或圆锥状。瘦果。

一年蓬幼苗

一年蓬花序

一年蓬成株期

88. 紫茎泽兰

【学名】*Eupatorium coelestinum* L.

【生活型】多年生杂草。

【识别特征】地下有根茎。茎直立，紫色，分枝对生，斜上。叶对生。头状花序多数，在茎枝顶端排成伞房状或复伞房状。瘦果，黑褐色，有棱。

紫茎泽兰幼苗

紫茎泽兰的茎

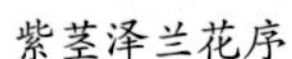
紫茎泽兰花序

紫茎泽兰大苗期

紫茎泽兰成株期

89. 粗毛牛膝菊

【学名】*Galinsoga ciliata*（Raf.）S.F.Blake

【生活型】一年生杂草。

【识别特征】茎单一或于下部分枝。叶对生。头状花序半球形至宽钟形，于茎顶排列成伞房状。瘦果楔形。

粗毛牛膝菊苗期

粗毛牛膝菊花序

粗毛牛膝菊

90. 泥胡菜

【学名】*Hemistepta lyrata* Bge.

【生活型】一年生或越年生杂草。

【识别特征】茎直立，具纵棱。基生叶莲座状，有柄，提琴状羽裂。头状花序多数。瘦果圆柱形。

泥胡菜苗期

泥胡菜花序

泥胡菜成株期

91. 苦菜

【学名】*Ixeris chinensis*（Thunb.）Nakai

【别名】山苦荬、小苦荬。

【生活型】多年生杂草。

【识别特征】全体无毛，具乳汁。茎基部多分枝。基生叶丛生；茎生叶互生。头状花序排成疏散的伞房花序。瘦果，棕褐色，有条棱。

苦菜苗期

苦菜成株期

92. 抱茎苦荬菜

【学名】*Ixeris sonchifolia* Hance.

【生活型】多年生杂草。

【识别特征】茎直立，上部分枝。基生叶多数，铺散。茎生叶较小，基部扩大成耳状或戟状抱茎。头状花序小，排成密集伞房状。瘦果纺锤形，黑色。

抱茎苦荬菜茎及叶

抱茎苦荬菜花序

抱茎苦荬菜成株期

93. 山莴苣

【学名】*Lactuca indica* L.

【别名】翅果菊。

【生活型】一年生或越年生杂草。

【识别特征】茎直立，粗壮，具沟棱，具乳汁。基生叶有柄。茎生叶无柄，基部扩大呈戟形抱茎。头状花序，排列成圆锥状。瘦果，黑色。

山莴苣幼苗

山莴苣苗期

山莴苣花序

山莴苣成株期

94. 稻槎菜

【学名】*Lapsana apogonoides* Maxim.

【生活型】一年生或越年生杂草。

【识别特征】植株细弱。叶多于基部丛生，有柄，羽状分裂。 头状花序果时常下垂，常再排成稀疏的伞房状。瘦果。

稻槎菜苗期

稻槎菜花序

稻槎菜成株期

95. 钻形紫菀

【学名】*Aster subulatus* Michx.

【生活型】一年生杂草。

【识别特征】茎光滑富肉质，上部稍有分枝，基部略带红色。头状花序多数集成圆锥状。瘦果。

钻形紫菀幼苗

钻形紫菀花

钻形紫菀成株期

96. 苦苣菜

【学名】*Sonchus oleraceus* L.

【生活型】一年生或越年生杂草。

【识别特征】根圆锥形。茎中空，具纵棱。下部叶基部扩大抱茎。中上部叶无柄，基部耳状抱茎。头状花序排成伞房状。瘦果红褐色。

苦苣菜幼苗

苦苣菜茎及叶

苦苣菜花序

苦苣菜成株期

97. 孔雀草

【学名】*Tagetes patula* Linn.

【别名】孔雀菊 红黄草 小万寿菊。

【生活型】一年生杂草。

【识别特征】茎直立，通常近基部分枝，分枝斜开展。叶羽状分裂。头状花序单生。瘦果。

孔雀草苗期

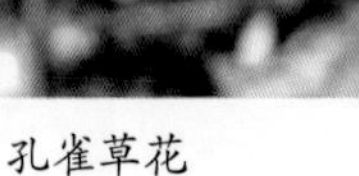

孔雀草花

孔雀草果实

孔雀草果实

98. 蒲公英

【学名】*Taraxacum mongolicum* Hand.–Mazz.

【生活型】多年生杂草。

【识别特征】根垂直。叶基生，莲座状，羽状深裂。花葶数条，与叶近等长，上端被蛛丝状毛。瘦果，有刺状突起。

蒲公英苗期

蒲公英果实

蒲公英成株期

99. 苍耳

【学名】*Xanthium sibiricum* Patrin.

【生活型】一年生杂草。

【识别特征】茎粗壮。叶三角状卵形，基出 3 脉，边缘有缺刻及不规则粗齿。雌雄同株。雄头状花序生茎、枝顶端，球形，密生柔毛。雌头状花序生于叶腋。瘦果 2 枚，灰黑色。

苍耳幼苗　　苍耳幼苗

苍耳花序　　苍耳果实　　苍耳成株期

100. 异叶黄鹌菜

【学名】*Youngia heterophylla*（Hemsl.）Babc.et Setbb.

【生活型】多年生杂草。

【识别特征】茎直立，粗壮，多分枝。基生叶丛生，茎生叶互生。头状花序小，排列成聚伞状伞房花序。瘦果，褐紫色。

异叶黄鹌菜幼苗

异叶黄鹌菜花

异叶黄鹌菜成株期

101. 金荞麦

【学名】*Fagopyrum dibotrys*（D.Don）Hara

【生活型】多年生杂草。

【识别特征】主根块状，木质。茎直立，多分枝，具纵棱。伞房花序顶生或生上部叶腋。瘦果三角形，红褐色。

金荞麦花序

金荞麦成株期

102. 苦荞麦

【学名】*Fagopyrum tataricum*（L.）Gaertn.

【生活型】一年生杂草。

【识别特征】茎直立，具分枝，下部紫红色，具细纵条纹，中空。总状花序顶生或腋生。瘦果，黑褐色。

苦荞麦花序

苦荞麦成株期

103. 蚕茧蓼

【学名】*Polygonum japonicum* Meisn.

【生活型】多年生杂草。

【识别特征】具长匍匐茎，节上生不定根，上部直立，节膨大，无毛，多分枝。叶互生。穗状花序。瘦果，红褐色。

蚕茧蓼花

蚕茧蓼花序

蚕茧蓼成株期

104. 杠板归

【学名】*Polygonum perfoliatum* L.

【别名】蛇倒退。

【生活型】一年生杂草。

【识别特征】茎蔓生，常附于其他植物上，有棱角，红褐色，小，棱上生稀疏倒沟刺。花序短穗状，顶生或腋生。瘦果球形，黑色。

杠板归幼苗

杠板归苗期

杠板归果实

杠扳归成株期

105. 桃叶蓼

【学名】*Polygonum persicaria* L.

【别名】春蓼。

【生活型】一年生杂草。

【识别特征】茎直立或基部倾斜。花序穗状，圆柱形，排列紧密，顶生或腋生。瘦果，黑褐色。

桃叶蓼花序

桃叶蓼成株期

106. 腋花蓼

【学名】*Polygonum plebeium* R.Br.

【生活型】一年生杂草。

【识别特征】茎平卧地面或直立，多分枝，节间常比叶短，具洗纵条纹。叶小，互生。花1至数朵簇生于叶腋。瘦果，黑褐色。

腋花蓼叶茎

腋花蓼花序

腋花蓼成株期

107. 土荆芥

【学名】*Chenopodium ambrosioides* L.

【生活型】一年生或越年生杂草。

【识别特征】茎直立，多分枝，有条纹。穗状花序腋生。种子扁球形，红褐色。

土荆芥幼苗

土荆芥幼苗

土荆芥花序

108. 地肤

【学名】*Kochia scoparia*（L.）Schrad.

【别名】扫帚菜。

【生活型】一年生杂草。

【识别特征】茎直立，多分枝，具纵棱，淡绿色或浅红色。穗状花序集成圆锥状，稀疏。胞果包于花被内，扁球形。种子卵形，黑褐色。

地肤幼苗

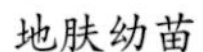
地肤幼苗

地肤大苗期

地肤花序

109. 问荆

【学名】*Equisetum arvense* L.

【生活型】多年生杂草。

【识别特征】草本；地上茎二型，营养茎在孢子茎枯萎后生出，通常实心；分枝轮生，中实，单一或再分枝。孢子囊穗顶生，钝头。孢子一型。

问荆

110. 节节草

【学名】*Equisetum ramosissimum* Desf.

【生活型】多年生杂草。

【识别特征】地下根状茎横生，黑褐色。地上茎灰绿色，一型。孢子囊穗生于枝端，椭圆形，具小尖头。

节节草孢子囊

节节草

111. 四叶蘋

【学名】*Marsilea quadrifolia* L.

【生活型】多年生水生杂草。

【识别特征】匍匐根茎细长。叶柄自茎节生长。小叶 4 片，基部相连着生于叶柄顶端。叶柄基部生单一或分叉的

四叶蘋

短柄，短柄顶端生孢子果。果内生有多数孢子囊，大孢子囊内有一个大孢子，小孢子囊内生多数小孢子。

112. 爵床

【学名】*Rostellularia procumbens*（L.）Nees

【生活型】一年生杂草。

【识别特征】常簇生，多分枝，基部匍匐状，有短硬毛。穗状花序顶生或生于上部叶腋。蒴果。

爵床花序

爵床大苗期

爵床花序

爵床成株期

113. 牛膝

【学名】*Achyranthes bidentata* Bl.

【生活型】多年生杂草。

【识别特征】根圆柱形。茎有 4 棱，节部膨大。分枝及叶均对生。穗状花序腋生和顶生。胞果椭圆形。

牛膝节部

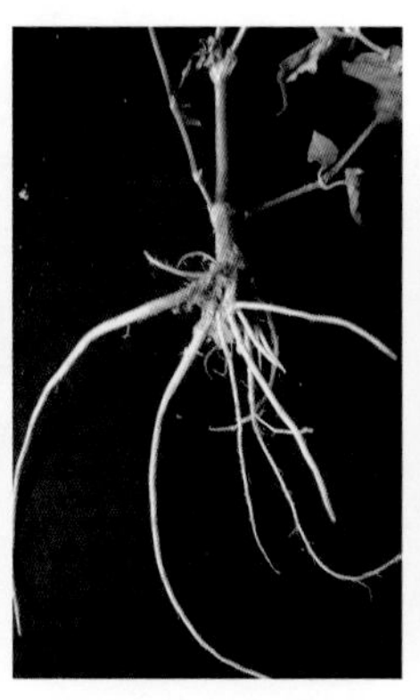

牛膝根部

牛膝花序

牛膝苗期

114. 柔弱斑种草

【学名】Bothriospermum tenellum（Hornem.）Fisch. et Mey.

【别名】细茎斑种草。

【生活型】越年生杂草。

【识别特征】茎自基部分枝，披散成近匍匐状。总状花序狭长。花极小，单生于短而弯的柄上，腋生。小坚果4枚，肾形。

柔弱斑种草成株期

柔弱斑种草花

柔弱斑种草果实

115. 弯齿盾果草

【学名】*Thyrocarpus glochidiatus* Maxim.

【生活型】一年生或越年生杂草。

【识别特征】茎1条至数条，细弱，常自基部分枝。花生苞腋或腋外。小坚果4，黑褐色。

弯齿盾果草花

弯齿盾果草成株期

116. 半边莲

【学名】*Lobelia chinensis* Lour.

【生活型】多年生杂草。

【识别特征】有白色乳汁。茎平卧，节上生根，分枝直立，无毛。花通常单生分枝上部叶腋，具长柄。蒴果 2 瓣裂。

半边莲苗期

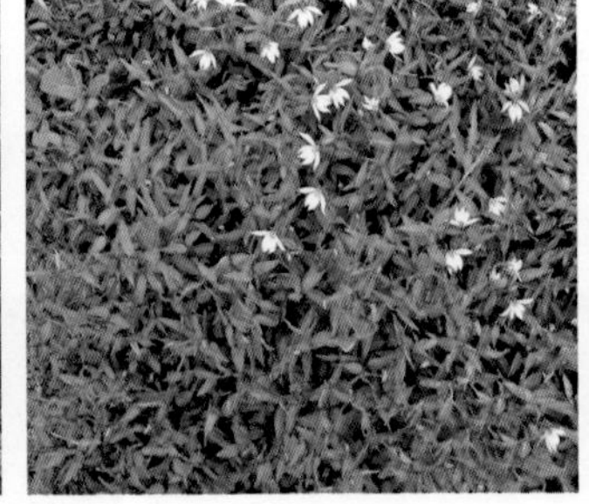
半边莲成株期

半边莲成株期

117. 簇生卷耳

【学名】*Cerastium caespitosum* Gilib.

【生活型】多年生杂草。

【识别特征】茎单一或簇生，有短柔毛。二歧聚伞花序顶生。蒴果。种子褐色，表面有疣状突起。

簇生卷耳

118. 漆姑草

【学名】*Sagina japonica*（S.W.）Ohwi

【生活型】一年生或越年生杂草。

【识别特征】直根系。茎自基部分枝，铺散状。花小，单生叶腋或枝端。蒴果卵圆形，5 瓣裂。

漆姑草苗期

漆姑草成株期

119. 大爪草

【学名】*Spergula arvensis* L.

【别名】铺盖草、水草。

【生活型】一年生杂草。

【识别特征】茎丛生，直立或斜升，多分枝。叶无柄，假轮生。总状聚伞花序稀疏排列于茎顶或侧枝顶端。蒴果，5 瓣裂。

大爪草苗期

大爪草苗期

大爪草花

120. 雀舌草

【学名】*Stellaria alsine* Grimm.

【生活型】越年生杂草。

【识别特征】茎细弱，有对数疏散分枝，无毛。顶生二歧聚伞花序，花白色，少数，有时单花腋生。蒴果。

雀舌草苗期

雀舌草花序

雀舌草

121. 石生繁缕

【学名】*Stellaria saxatilis* Buch.–Ham.

【生活型】多年生杂草。

【识别特征】茎匍匐，光亮，上部密生短柔毛，分枝稀疏。聚伞花序细弱，有细长总花梗，生于叶腋或二分枝叉间。蒴果。

石生繁缕花

石生繁缕成株期

122. 圆叶牵牛

【学名】*pharbitis purpurea*（L.）Voigt

【生活型】一年生缠绕杂草。

【识别特征】全株被粗硬毛。茎缠绕，多分枝。叶互生，叶片心形。伞形聚伞花序腋生。花冠漏斗形，蓝紫色或淡红色、白色。蒴果球形。

圆叶牵牛苗期

圆叶牵牛成株期

123. 珠芽景天

【学名】*Sedum bulbiferum* Makino

【别名】马屎花、珠芽佛甲草。

【生活型】一年生杂草。

【识别特征】根须状。叶腋常有圆形、肉质的小珠芽。叶在基部常对生，上部互生。顶生聚伞花序疏散，常 2~3 分枝。蓇葖果成熟后呈星芒状排列。

珠芽景天幼苗

珠芽景天花

珠芽景天成株期

124. 垂盆草

【学名】*Sedum sarmentosum* Bunge

【别名】狗牙齿、鼠牙半枝莲。

【生活型】多年生肉质杂草。

【识别特征】不育枝匍匐生根，结实枝直立。叶为3叶轮生。聚伞花序疏松。种子细小，表面有乳头突起。

垂盆草幼苗

垂盆草大苗

垂盆草花序

125. 风花菜

【学名】*Rorippa islandica*（Oed.）Borb.

【别名】沼生蔊菜。

【生活型】一年生杂草。

【识别特征】茎直立，上部分枝，下部常带紫色，具棱。单叶互生。茎生叶近无柄，基部耳状抱茎。

风花菜花

风花菜成株期

126. 无瓣蔊菜

【学名】*Rorippa dubia*（Pers.）Hara

【生活型】一年生杂草。

【识别特征】植株较柔弱。长铺散状分枝。单叶互生。总状花序顶生或侧生，花小，多数。无花瓣或偶有不完全花瓣。长角果。

无瓣蔊菜幼苗

无瓣蔊菜花

无瓣蔊菜成株期

127. 印度蔊菜

【学名】*Rorippa indica*（L.）Hiern

【生活型】一年生或越年生杂草。

【识别特征】植株粗壮，茎直立。分枝或无，常带紫红色。总状花序顶生，花小，黄色。长角果。

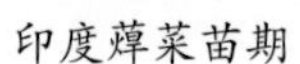
印度蔊菜苗期

印度蔊菜花

印度蔊菜成株期

128. 遏蓝菜

【学名】*Thlaspi arvense* L.

【生活型】一年生杂草。

【识别特征】茎直立，有棱。茎生叶基部抱茎，有箭形耳。总状花序顶生，花白色。短角果。

遏蓝菜幼苗

遏蓝菜花序

遏蓝菜花序

遏蓝菜果实

遏蓝菜成株期

129. 地锦

【学名】*Euphorbia humifusa* Willd.

【生活型】一年生杂草。

【识别特征】茎纤细、匍匐，基部分枝，红紫色。叶对生。杯状聚伞花序单

地锦幼苗

地锦果实

地锦成株期

130. 白苞猩猩草

【学名】*Euphorbia heterophylla* L.

【生活型】多年生杂草。

【识别特征】茎直立，被柔毛。叶互生。聚伞花序单生，基部具柄，无毛。蒴果卵球状，被柔毛。

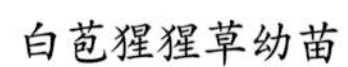

白苞猩猩草幼苗

白苞猩猩草花序

白苞猩猩草成株期

131. 叶下珠

【学名】*Phyllanthus urinaria* L.

【生活型】一年生杂草。

【识别特征】茎直立，有翅状纵棱，紫红色。叶互生，2列。花单性，雌雄同株，无花瓣。蒴果圆形，赤褐色，2列着生于叶下。

叶下珠苗期

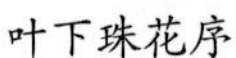
叶下珠花序

叶下珠果实

叶下珠成株期

132. 香薷

【学名】*Elsholtzia ciliata*（Thunb.）Hyland.

【生活型】一年生杂草。

【识别特征】具密集的须根。茎直立，钝四棱形。穗状花序偏向一侧，由多花的轮伞花序组成。小坚果，棕黄色。

香薷大苗期

香薷花序

香薷花序

香薷花序背面

香薷成株期

133. 密花香薷

【学名】*Elsholtzia densa* Benth.

【生活型】一年生杂草。

【识别特征】密生须根。植株有强烈气味。茎直立，自基部多分枝，四棱形。穗状花序密被紫色串珠状长柔毛，由密集的轮伞花序组成。小坚果，暗褐色。

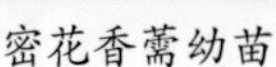
密花香薷幼苗

蜜花香薷大苗

密花香薷茎

密花香薷花序

密花香薷成株期

134. 宝盖草

【学名】*Lamium amplexicaule* L.

【生活型】一年生或越年生杂草。

【识别特征】茎直立或斜升，自基部多分枝，及无毛。叶对生。轮伞花序6~10花。小坚果。

宝盖草

宝盖草花序

宝盖草成株期

135. 益母草

【学名】*Leonurus japonicus* Houtt.

【生活型】越年生杂草。

【识别特征】分枝，有倒向糙伏毛。轮伞花序腋生。小坚果，淡褐色。

益母草苗期

益母草花序

益母草成株期

136. 野薄荷

【学名】*Mentha haplocalyx* Briq.

【生活型】多年生杂草。

【识别特征】茎直立，具槽，分枝，被微柔毛。轮伞花序腋生。花冠淡紫色。小坚果，黄褐色。

野薄荷

野薄荷花序

137. 紫苏

【学名】*Perilla frutescens*（L.）Britt.

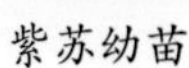
紫苏幼苗

紫苏茎

紫苏花序

【生活型】一年生草本。

【识别特征】茎直立，具槽。轮伞花序 2 花，组成偏向一侧的顶生或腋生总状花序。小坚果，黄灰褐色。

138. 夏枯草

【学名】*Prunella vulgaris* L.

【生活型】多年生杂草。

【识别特征】根状茎匍匐。茎自基部多分枝，紫红色。轮伞花序密集组成顶生穗状花序。小坚果黄褐色。

夏枯草花序

夏枯草成株期

139. 紫云英

【学名】*Astragalus sinicus* L.

【别名】马苕子。

【生活型】一年生或越年生杂草。

【识别特征】茎直立或匍匐，无毛。奇数羽状复叶。总状花序近伞形。荚果，上有隆起的网脉，成熟时黑色，无毛。

紫云英幼苗

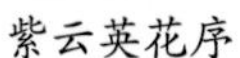

紫云英花序

紫云英果实

紫云英成株期

140. 截叶铁扫帚

截叶铁扫帚

【学名】*Lespedeza cuneata*（Dum de Cours.）G.Don

【别名】绢毛胡枝子、铁扫帚、老牛筋。

【生活型】小灌木。

【识别特征】分枝被白色短柔毛。3 出复叶。侧生小叶较小。总状花序腋生。荚果卵形，有短喙。

141. 白车轴草

【学名】*Trifolium repens* L.

【别名】白三叶、白花车轴草。

【生活型】多年生杂草。

【识别特征】茎匍匐，无毛。3 出复叶。托叶鞘状抱茎。花序腋生，头状，有长总花梗。荚果。

白车轴草苗期

白车轴草花序

白车轴草果实

白车轴草成株期

142. 广布野豌豆

【学名】*Vicia cracca* L.

【生活型】多年生杂草。

【识别特征】茎蔓生，具微毛。羽状复叶，前端有卷须。总状花序腋生。荚果，褐色。

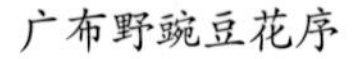
广布野豌豆花序

广布野豌豆成株期

143. 小巢菜

【学名】*Vicia hirsuta*（L.）Gray

【别名】硬毛果野豌豆。

【生活型】一年生或越年生杂草。

【识别特征】茎有棱，蔓生。羽状复叶。总状花序腋生，2~5 花。

小巢菜幼苗

小巢菜成株期

144. 苘麻

【学名】*Abutilon theophrasti* Medic.

【生活型】一年生杂草。

苘麻幼苗

苘麻果实

苘麻成株期

【识别特征】茎直立，上部分枝，有柔毛。单叶，互生。花单生叶腋，花梗近端处有节。蒴果，由中轴分离成分果瓣。

145. 冬葵

冬葵

【学名】*Malva verticillata* L.

【别名】冬寒菜。

【生活型】越年生杂草。

【识别特征】茎直立，被星状长柔毛。叶互生。叶 5~7 掌状裂。花数朵簇生于叶腋。果扁球形，分果瓣 10~11 瓣。

146. 葎草

葎草幼苗

【学名】*Humulus scandens*（Lour.）Merr.

【别名】锯锯藤。

【生活型】一年生缠绕杂草。

【识别特征】茎、枝和叶柄有倒沟刺。叶对生，掌状 5~7 深裂。花单性，雌雄异株。雄花序圆锥形，顶生或腋生，花小，淡黄绿色。雌花序穗状腋生。瘦果。

葎草幼苗

葎草旺长期

葎草花序

147. 草龙

【学名】*Ludwigia hyssopifolia*（G.Don）Exell

【生活型】一年生杂草。

【识别特征】茎直立，有分枝，有 3~4 棱。叶互生，近无柄。花两性，单生于叶腋，无梗。蒴果。

草龙苗期

草龙花

148. 美洲商陆

【学名】*Phytolacca Americana* L.

【生活型】多年生杂草。

【识别特征】全株无毛，具肥大的肉质根。茎直立，带紫红色。叶互生。总状花序，下垂，顶生或腋生。浆果，熟时黑紫色。

美洲商陆幼苗

美洲商陆花序

美洲商陆果实

美洲商陆成株期

149. 车前

【学名】*Plantago asiatica* L.

【生活型】多年生杂草。

【识别特征】须根系，叶基生，具 5~7 条弧形脉。花疏生成穗状花序。蒴果。

车前幼苗

车前根系

车前果实

车前叶脉

车前成株期

150. 过路黄

【学名】*Lysimachia christinae* Hance

【生活型】多年生杂草。

【识别特征】茎柔弱，平卧匍匐生，茎节常生不定根。叶对生。花成对腋生。蒴果。

过路黄苗期

过路黄成株期

151. 毛茛

【学名】*Ranunculus japonicus* Thunb.

【生活型】多年生杂草。

【识别特征】茎和叶柄有开展的柔毛。基生叶和茎下部有长柄。单歧聚伞花序，具疏花。瘦果。

毛茛花及果

毛茛成株期

152. 石龙芮

【学名】*Ranunculus sceleratus* L.

【生活型】一年生或越年生杂草。

【识别特征】须根细长成束状。茎直立，中空，具纵棱，稍肉质。聚伞花序，多花。瘦果。

石龙芮苗期

石龙芮茎

石龙芮果实

石龙芮成株期

153. 茜草

【学名】*Rubia cordifolia* L.

【生活型】多年生攀缘杂草。

【识别特征】茎 4 棱，多分枝，茎棱、叶柄、叶缘及脉均生倒刺。叶 4 片轮生。聚伞花序疏生成圆锥状，顶生或腋生。浆果。

茜草花

茜草茎

茜草成株期

154. 蕺菜

【学名】*Houttuynia cordata* Thunb.

【别名】折儿根、鱼腥草。

【生活型】多年生杂草。

【识别特征】全株有腥味。地下茎黄白色，节上生根。茎下部伏地生根，上部直立。穗状花序生茎上端。蒴果。

蕺菜苗期

蕺菜花

蕺菜成株期

155. 泥花草

【学名】*Lindernia antipoda*（L.）Alston

【生活型】一年生杂草。

【识别特征】全株无毛。茎初直立，后伏卧，节上生根。总状花序。蒴果。

泥花草幼苗

泥花草成株期

156. 宽叶母草

【学名】*Lindernia nummularifolia*（D.Don）Wettst.

【生活型】一年生杂草。

【识别特征】茎四方形，常多分枝，叶几无柄。伞形花序顶生或腋生。蒴果。

宽叶母草苗期

宽叶母草花

宽叶母草成株期

157. 紫色翼萼

【学名】*Torenia violacea*（Azaola）Pennell

【生活型】一年生杂草。

【识别特征】茎四方形，直立或基部多分枝而披散，茎叶稀被硬毛。伞形花序顶生或侧生。蒴果包于萼内。

紫色翼萼苗期

紫色翼萼花

紫色翼萼果实

紫色翼萼

158. 阿拉伯婆婆纳

【学名】*Veronica persica* Poir.

【生活型】越年生杂草。

【识别特征】茎自基部分枝，有柔毛，下部伏生地面。叶在茎基部对生，上部互生。总单生苞腋。花柄长于苞片。蒴果。

阿拉伯婆婆纳花

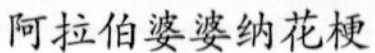

阿拉伯婆婆纳花梗

阿拉伯婆婆纳果实

阿拉伯婆婆纳成株期

159. 曼陀罗

【学名】*Datura stramonium* L.

【生活型】一年生杂草。

【识别特征】植株粗壮呈半灌木状，下部稍木质化。叶互生。花单生叶腋或枝叉间，直立，具短梗。蒴果，表面有坚硬针刺。

曼陀罗幼苗期

曼陀罗苗期

曼陀罗花

曼陀罗花萼

曼陀罗果实

曼陀罗成株期

160. 龙葵

【学名】*Solanum nigrum* L.

【生活型】一年生杂草。

【识别特征】茎直立，多分枝。伞形花序短蝎尾状，腋外生，花 4~10 朵，梗下垂。浆果球形，熟时黑色。

龙葵花

龙葵幼苗

龙葵果实

龙葵成株期

161. 积雪草

【学名】*Centella asiatica*（L.）Urban

【生活型】多年生杂草。

【识别特征】茎匍匐，节上生根。单叶互生。伞形花序单生或 2~5 簇生于叶腋。双悬果。

积雪草

162. 蛇床

【学名】*Cnidium monnieri*（L.）Cuss.

【生活型】一年生杂草。

【识别特征】茎直立，有棱，具分枝，疏生细柔毛。叶 2~3 回 3 出式羽状全裂。复伞形花序。双悬果。

蛇床幼苗

蛇床苗期

蛇床花序

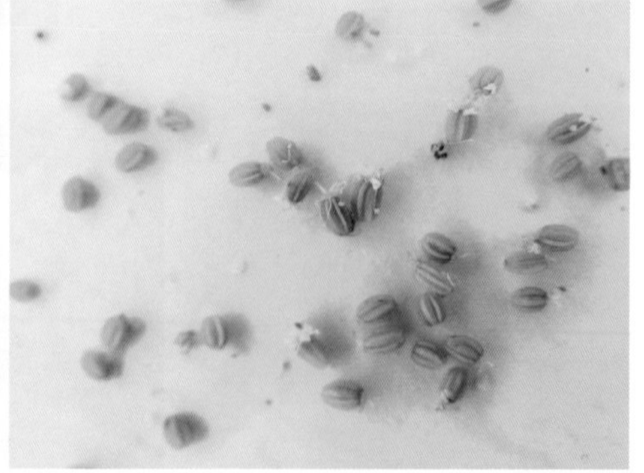

蛇床果实

163. 野胡萝卜

【学名】*Daucus carota* L.

【生活型】越年生杂草。

【识别特征】茎直立，有分枝，具条棱。根粗壮，肉质，淡红色。复伞形花序。双悬果。

野胡萝卜苗期

野胡萝卜茎上的毛

野胡萝卜花序

野胡萝卜果实

野茴香苗期

164. 野茴香

【学名】*Foeniculum vulgare* Mill.var.

【生活型】多年生杂草。

【识别特征】茎直立，有分枝，全体无毛，具条棱。有香气。根粗壮，肉质。复伞形花序。双悬果。

野茴香花

野茴香果实

野茴香成株期

165. 天胡荽

【学名】*Hydrocotyle sibthorpioides* Lam.

【别名】满天星。

【生活型】多年生杂草。

【识别特征】全株揉之有气味，茎细长而匍匐，节上生根。伞形花序单生于茎上，与叶对生，有花 10~15 朵。双悬果。

天胡荽苗期

天胡荽成株期

166. 水芹

【学名】*Oenanthe javanica*（Bl.）DC.

【生活型】多年生杂草。

【识别特征】全体光滑无毛。茎基部匍匐，节上生根，中空。复伞形花序顶生。双悬果。

水芹苗期

水芹花序

水芹成株期

167. 糯米团

【学名】*Memorialis hirta*（Bl.）Wedd.

【别名】糯米藤。

【生活型】多年生杂草。

【识别特征】茎渐升斜上或平卧，通常分枝，有短柔毛。叶对生。雌雄同株。花淡绿色，簇生叶腋。瘦果。

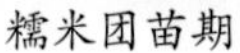

糯米团苗期

糯米团花序

糯米团成株期

168. 冷水花

【学名】*Pilea notata* C.H. Wright

【生活型】多年生杂草。

【识别特征】茎直立，肉质，细弱，不透明，有横向的根茎，全株无毛。雌雄异株，花序为疏松的聚伞花序，生于叶腋。瘦果。

冷水花

169. 雾水葛

【学名】*Ponzolzia zeylanica*（L.）Benn.

【生活型】多年生杂草。

【识别特征】茎有钝棱，被多数白色横出直生毛，多分枝，分枝自下部叶腋间开始发生，可多级分枝。花小，多4~10朵呈团伞状簇生于茎枝的叶腋处，但不形成聚伞花序。瘦果。

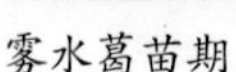

雾水葛苗期

雾水葛花序

雾水葛成株期

170. 荨麻

【学名】*Urtica fissa* E.Pritz.

【别名】蜇人草、咬人草。

【生活型】多年生杂草。

【识别特征】有横走的根状茎。茎自基部多出，四棱形，密生刺毛和稀疏的细糙毛，分枝少。雌雄同株，雌花序生上部叶腋，雄花序生下部叶腋。瘦果。

蝎子草花序

荨麻成株期

171. 马鞭草

【学名】*Verbena officinalis* L.

【生活型】多年生杂草。

【识别特征】茎四方形。叶对生。穗状花序。花小，无梗。蒴果。

马鞭草苗期

马鞭草花序

马鞭草成株期

172. 犁头草

【学名】*Viola inconspicua* Blume

【生活型】多年生杂草。

【识别特征】无地上茎。根状茎通常被残留的褐色托叶所包被。叶均基生，呈莲座状。花梗数条，细弱，自基部抽出，中部稍上处有 2 枚线形小苞片。蒴果。

犁头草花

犁头草

173. 乌蔹莓

【学名】*Cayratia japonica*（Thunb.）Gagnep.

【别名】五爪龙。

【生活型】多年生草质藤本杂草。

【识别特征】茎带紫红色，有纵棱，具卷须。掌状复叶，排成鸟足状，小叶 5 片。聚伞花序腋生。浆果。

乌蔹莓叶

乌蔹莓旺长期

乌蔹莓花序、果实

乌蔹莓成株期

174. 半夏

【学名】*Pinellia ternate*（Thunb.）Breit.

【别名】麻芋子。

【生活型】多年生杂草。

【识别特征】具球形块茎，叶基生。一年生者为单叶，2~3年者为3小叶的复叶。花序梗长于叶柄，佛焰苞绿色或绿白色，肉穗花序。浆果。

半夏苗期

半夏叶

175. 水竹叶

【学名】*Murdannia triquetra*（Wall.）Bruckn.

【生活型】多年生杂草。

【识别特征】茎不分枝或分枝，被一列细毛，基部匍匐，节上生根。花单生于分枝顶端叶腋内。蒴果。

水竹叶幼苗

水竹叶花

水竹叶果实

水竹叶成株期

176. 扁穗莎草

【学名】*Cyperus compressus*（L.）

【生活型】一年生杂草。

【识别特征】秆丛生。叶片稍长于秆或与秆等长。长侧枝聚伞花序简单，具1~7 辐射枝；小穗密集成头状。小坚果。

扁穗莎草苗期

扁穗莎草花序

扁穗莎草成株期

177. 砖子苗

【学名】*Kyllinga brevifolia* Rottb.

【生活型】多年生杂草。

【识别特征】根状茎短。秆疏丛生。叶短于秆或几与秆等长。苞片 5~8 枚，叶状，开展，通常比花序长。长侧枝聚伞花序简单，具 6~12 个或更多的辐射枝。小坚果。

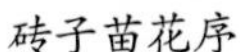
砖子苗花序

砖子苗成株期

178. 旋鳞莎草

【学名】*Cyperus michelianus*（L.）Link

【生活型】一年生杂草。

【识别特征】秆密丛生，基部具叶。长侧枝聚伞花序密集成头状。小坚果。

旋鳞莎草花

旋鳞莎草成株期

179. 荸荠

【学名】*Eleocharis dulcis*（Burm f.）Trin.

【生活型】多年生水生杂草。

【识别特征】具细长的匍匐根状茎和球茎。秆丛生。无叶片。小穗一个，顶生。小坚果。

荸荠

180. 牛毛毡

【学名】*Eleocharis yokoscensis*（Fr.et Sav.）Tang et Wang

【生活型】多年生草本。

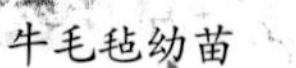

牛毛毡幼苗

牛毛毡成株期

【识别特征】具匍匐纤细根状茎。秆多数，毛发状。小穗单一，顶生。小坚果。

181. 两歧飘拂草

【学名】*Fimbristylis dichotoma*（L.）Vahl

【生活型】一年生杂草。

【识别特征】秆丛生。叶条形，略短于秆。长侧枝聚伞花序复出，辐射枝1~5枝。小坚果，有柄。

两歧飘浮草穗部

两歧飘拂草成株期

182. 日照飘拂草

【学名】*Fimbristylis miliacea*（L.）Vahl

【生活型】一年生杂草。

【识别特征】秆丛生，基部有1~3枚无叶的叶鞘。叶片条形，和秆近等长。长侧枝聚伞花序复出，辐射枝3~6枝。小坚果。

日照飘拂草苗期

日照飘拂草花序

日照飘拂草成株期

183. 水蜈蚣

【学名】*Kyllinga brevifolia* Rottb.

【生活型】多年生杂草。

【识别特征】匍匐根状茎长，被褐色鳞片，每节生 1 秆。秆成列散生。穗状花序单一。小坚果。

水蜈蚣花序

水蜈蚣成株期

184. 小灯芯草

【学名】*Juncus bufonius* L.

【生活型】一年生杂草。

【识别特征】密集丛生。茎多直立，基部常褐红色。花序顶生，呈二歧聚伞状，每分枝上常顶生和侧生 2~4 朵花。蒴果。

小灯芯草苗期

小灯芯草花序

小灯芯草成株期

第二章 烟田常用除草剂

第一节　烟田除草剂使用常识

原则上，烟田使用除草剂，应当首先选择经农业部登记及中国烟草总公司试验批准的除草剂品种。截至2016年8月，已在中华人民共和国农业部农药检定所登记的烟田除草剂产品共有33个，有效成分种类9种，详细信息如表2–1：

表2–1　烟田除草剂有效成分

有效成分种类	剂型（产品数）	有效成分含量
敌草胺	可湿性粉剂(5)，水分散粒剂(5)	50%
二甲戊灵	微囊悬浮剂(2)	450g/L
砜嘧磺隆	水分散粒剂(11)	25%
精喹禾灵·异噁草松	乳油(1)	29%
精异丙甲草胺	乳油(3)	960g/L
威百亩	水剂(2)	42%，35%
异丙甲草胺	乳油(1)	72%
异噁草松·异丙甲草胺	乳油(1)	80%
仲丁灵·异噁草松	乳油(2)	40%，50%

除了表2–1所列的除草剂种类之外，根据生产实际需要，可用于烟田的除草剂种类还有草铵膦、高效氟吡甲禾灵、精吡氟禾草灵、氯氟吡氧乙酸、乙草胺等。

一、除草剂的分类

将烟田除草剂进行合理分类，可以帮助我们掌握除草剂的特性，从而能合理、有效地使用。

（一）根据对杂草和作物的选择性分类

1. 选择性除草剂

此类除草剂具有选择性，在一定的剂量范围内，在杀死杂草的同时对作物无毒害或毒害很低。如敌草胺、砜嘧磺隆、异丙甲草胺、精异丙甲草胺和二甲戊灵等。除草剂的选择性是相对的，只有在一定的剂量下，对作物特定的生长期安全。施用剂量过大或在作物敏感期施用会影响作物的生长和发育，甚至完全杀死作物。

2. 灭生性除草剂

此类除草剂对杂草和作物都有毒害作用。如草铵膦、威百亩。使用威百亩时，需要等药剂发挥作用、余药散尽之后才能播种或移栽。

（二）根据施用时间分类

1. 苗前处理剂

此类除草剂在杂草出苗前施用，对未出苗的杂草有效，而对已出苗的杂草活性低或无效。如异丙甲草胺、精异丙甲草胺、异噁草松等。

2. 苗后处理剂

此类除草剂在杂草出苗后施用，对出苗的杂草有效，但不能防除未出苗的杂草。如精喹禾灵、砜嘧磺隆。

（三）根据在植物体内的传导方式分类

1. 内吸传导型除草剂

此类除草剂可被植物的根或茎、叶、芽鞘等部位吸收，并经输导组织从吸收部位传导至其他器官，破坏植物体内部结构和生理平衡，造成杂草死亡。如砜嘧磺隆、敌草胺、异丙甲草胺、精喹禾灵等。

2. 触杀型（或有限传导型）除草剂

此类除草剂不能在植物体内传导（或有限传导）或移动性很差，只能杀死植物直接接触药剂的部位。如草铵膦。

（四）根据化学结构分类

除草剂的化学结构与除草剂的功能密切相关，按化学结构分类更能较全面反映除草剂在品种间的本质区别。根据化学结构，可以将除草剂分为酰胺类、磺酰脲类、二硝基苯胺类、芳氧基苯氧基丙酸类、有机杂环类等。

二、除草剂的使用方法

将除草剂以正确的方式施用到适当的部位或正确的范围内，以利杂草的吸收，是除草剂使用技术的重要环节，它关系到除草剂使用的有效性、安全性和经济性。如果使用方法不当，不仅不能有效防除杂草、造成药剂的浪费，甚至有可能造成作物的药害。因此，了解除草剂的正确使用方法是非常重要的。

除草剂的使用方法多种多样，烟田常用除草剂的使用方法主要有土壤处理和茎叶处理两种，详细介绍如下。

（一）土壤处理

土壤处理是在杂草未出苗前，将除草剂喷洒于土壤表层或通过混土操作把除草剂拌入土壤中一定深度，建立起一层除草剂封闭层，以杀死萌发的杂草。土壤处理又可以细化为种植前土壤处理、播后苗前土壤处理和作物苗后土壤处理。烟田除草剂最常用的土壤处理方式为种植前土壤处理。如在烟草苗床播种之前施用威百亩防除杂草；在烟草移栽前施用精异丙甲草胺、敌草胺、二甲戊灵等防除杂草。

（二）茎叶处理

茎叶处理是将除草剂药液均匀喷洒于已出苗的杂草茎叶上。茎叶处理除草剂的选择性主要是通过形态结构和生理生化选择来实现除草保苗的。

除草剂施用可根据实际需要采用不同的施用方式，如满幅、条带、点片、定向处理。在烟草生长期施用某些除草剂，如草铵膦，需要采用定向喷雾，通过控制喷头的高度或在喷头上加装一个防护罩，控制药液的喷施方向，使药液接触杂草而不触及烟草叶片。

三、除草剂的用药时间

对作物而言，除草剂可以在植物播种前施用，可在作物播种后出苗前施用，也可在作物出苗后施用；对杂草而言，除草剂可在杂草出苗前进行土壤处理，也可在杂草出苗后进行茎叶喷雾；对除草剂而言，不同种类的除草剂适宜施用的时期各有不同，如土壤处理剂对未出苗的杂草有效而对已出苗的杂草无效，茎叶处理剂对已出苗的杂草有效。因此，根据田间实际，把握好除草剂的用药时间十分重要。烟田常用除草剂的用药时间主要可以分为三种情况，具体如下。

（一）种植前土壤处理

在烟草苗床播种前或烟苗大田移栽前对土壤进行封闭处理，如敌草胺、异丙甲草胺、精异丙甲草胺、仲丁灵・异噁草松等药剂可在烟草移栽前 1~3d 施用。

（二）播后或移栽后土壤处理

在作物播种或移栽后、杂草出苗之前，将除草剂均匀喷施于土表。适用于经杂草根和幼芽吸收的除草剂。此种施药方式具有一定的局限性，覆膜移栽的烟田不适宜在此阶段施药。

（三）茎叶处理

在杂草出苗后将除草剂均匀喷施于杂草表面，以防除田间杂草。如砜嘧磺隆在杂草 2~4 叶期施用效果好。

四、怎样用好除草剂

影响除草剂药效发挥的因素有很多，如除草剂自身的加工质量和剂型、土壤条件、气候条件、作物和杂草的生长状态、施药技术等。

科学合理地使用除草剂，首先要坚持“五看”，即看草情对症下药，看苗情安全使用，看药性选好配方，看土质因地制宜，看天气抢晴处理。选用正规厂家生产的、质量有保证的药剂，才能发挥除草剂的良好除草效果。除草剂的用量应该按有效成分计算，不要任意加大或减少用药量，即使在除草剂的安全剂量范围内，也要考虑经济效果、成本和对环境的保护。

其次，正确地采用不同除草剂的混配可以扩大杀草谱、提高防效和安全性、降低成本，并且可以防止或延缓杂草对除草剂形成抗性。不同种类的除草剂混用时，除草剂间会相互作用，其作用类型可以分为加成作用、增效作用和拮抗作用。根据防除对象选择混合施用的除草剂时，最好是有增效作用，至少不能有拮抗作用。

第三，选择正确的施药方法，均匀周到的施药也是关键。另外，应该掌握适当的施药间隔期，同一作物使用两种药剂的间隔期太近，容易出现药害。

最后，注意田间管理。土壤应尽量耕作平整，田间作业、肥水管理等应与施用除草剂的事项配套。

五、烟田常用除草剂对烟草的安全性评价

为考察烟田常用除草剂对烟草的安全性，在 2013~2014 年进行了试验。

（一）2013 年试验情况

选用烟田常用的 6 种除草剂，对四川省 4 个主要烟草栽培品种（云烟 85、K326、云烟 87、红花大金元）进行了安全性评价及残留测定试验。试验地点设在四川省农业科学院经济作物育种栽培研究所的成都市青白江区试验场，供试烟草于 3 月 12 日育苗，5 月 5 日移栽。药剂处理如表 2-2 所示（5 月 4 日施用

BCDE 处理，5 月 23 日施用 AF 处理）。

表 2-2 试验处理表（2013 年）

编号	处理	亩用量（制剂量）
A	25% 砜嘧磺隆（宝成）干悬浮剂	5g
B	50% 乙草胺·异噁草松乳油	80mL
C	96% 精异丙甲草胺（金都尔）乳油	80mL
D	33% 二甲戊灵（施田补）乳油	130mL
E	360g / L 异噁草松微囊悬浮剂	35mL
F	20% 氯氟吡氧乙酸乳油	60mL
G	空白对照	–

试验期间，观察供试除草剂对烟草生长的影响，并测定各烟草品种生长发育（如株高、叶片、鲜重等）指标，评价除草剂安全性。

结果表明，33% 二甲戊灵（施田补）乳油、360g/L 异噁草松微囊悬浮剂对烟草安全，4 种烟草生长均正常，株高、鲜重与对照无明显差异；25% 砜嘧磺隆（宝成）干悬浮剂对烟草产生轻微药害，植株稍显矮小，但叶片与生长点均正常，株高抑制率和鲜重抑制率分别为 4.99%~14.82% 和 19.41%~37.33%（为准确验证安全性，本试验施药时均故意将除草剂喷施到烟草叶片上，实际使用时按照正常方式施药，只会有少量药液喷施到烟草叶片上，也即表明此药对烟草应是比较安全的）；50% 乙草胺·异噁草松微囊悬浮剂和 96% 精异丙甲草胺（金都尔）乳油对烟草产生明显药害，植株与对照相比明显矮小、瘦弱，基部叶片发黄、枯萎，而株高抑制率和鲜重抑制率分别高达 37% 和 54%（主要原因是施药后即下雨，药剂发生淋溶，烟苗幼根接触药剂所致）；20% 氯氟吡氧乙酸乳油在行间保护性施药下对烟草安全，但若喷施到烟草叶片上，会致使烟草严重药害至死亡。本试验选用的 4 个烟草品种并未明显表现出对不同除草剂的敏感性差异。

表 2-3 烟田常用除草剂对烟草安全性试验结果（2013 年）

编号	处理	株高抑制率 (%)	鲜重抑制率 (%)
A	25% 砜嘧磺隆（宝成）干悬浮剂	4.99~14.82	19.41~37.33
B	50% 乙草胺·异噁草松乳油	29.88~56.12	49.73~54.13
C	96% 精异丙甲草胺（金都尔）乳油	18.13~37.37	24.83~50.31
D	33% 二甲戊灵（施田补）乳油	0~3.65	0~4.83
E	360g / L 异噁草松微囊悬浮剂	0~3.14	0~0.88
F	20% 氯氟吡氧乙酸	全部死亡	
G	空白对照	–	–

（二）2014 年试验情况

在 2013 年试验的基础上作了更改：供试烟草选择云烟 87 单一品种，试验地点仍在四川省农业科学院经济作物育种栽培研究所的成都市青白江区试验场，药剂处理见表 2-4。小区试验，重复 3 次。20% 氯氟吡氧乙酸乳油在烟草生长中期茎叶喷雾（行间保护性施药），其他药剂为烟苗移栽前土壤喷雾。此外，增加二甲戊灵、异噁草松在移栽后施药及盖膜处理；增加异丙甲草胺施药后淋水处理。

试验期间，观察供试除草剂对烟草生长的影响，并测定烟草生长发育（如株高、叶片、鲜重等）指标，评价除草剂的安全性。

表 2-4　试验处理表（2014 年）

编号	处理	亩用量（制剂量）
A	20% 氯氟吡氧乙酸乳油	60 mL
B	50% 乙草胺・异噁草松乳油	80 mL
C1	96% 精异丙甲草胺乳油	80 mL
C2	96% 精异丙甲草胺乳油（施药后淋水）	80 mL
D1	33% 二甲戊灵乳油	130 mL
D2	33% 二甲戊灵乳油（施药后淋水）	130 mL
D3	33% 二甲戊灵乳油（移栽后施药）	130 mL
E1	36% 异噁草松微囊悬浮剂	35 mL
E2	36% 异噁草松微囊悬浮剂（移栽后施药）	35 mL
F	33% 二甲戊灵乳油 +36% 异噁草松微囊悬浮剂	100 mL+30 mL
G	96% 精异丙甲草胺乳油 +36% 异噁草松微囊悬浮剂	60 mL+30 mL
H	50% 敌草胺可湿性粉剂	120g
I	50% 乙草胺乳油	100 mL
J	空白对照	–

结果表明，乙草胺・异噁草松、精异丙甲草胺、二甲戊灵、异噁草松、乙草胺及两种混剂在烟草移栽前施药的前提下均未表现出明显药害，株高和鲜重抑制率低于 5%；敌草胺对烟草产生轻微药害，株高和鲜重抑制率分别为 8.46% 和 15.11%；氯氟吡氧乙酸经 2013 年试验证实，只要喷施到烟草上就会产生严重药害并导致烟草死亡，本次试验我们采取行间保护性施药，从结果上来看对烟草株高并未产生影响，但鲜重抑制率为 12.92%，可能的原因是施药时微量药剂漂移到烟草下部叶片上产生药害。

本次试验另设二甲戊灵、异噁草松移栽后施药处理，结果显示该两种除草剂对烟草均产生药害，株高、鲜重抑制率分别为4.55%、10.27%和11.29%、20.09%。由此可见，在实际生产中这两种除草剂应在烟草移栽前喷施。此外，试验增加了精异丙甲草胺、二甲戊灵施药后淋水处理，模拟施药后短时间内下雨的天气状况，结果显示淋水对二甲戊灵处理并不造成影响，而精异丙甲草胺处理淋水后出现轻微药害，原因是精异丙甲草胺药液淋溶到土壤下层被烟草根部吸收导致药害，而二甲戊灵淋溶性不强，不会出现此类情况。因此在实际生产中应注意在晴朗天气施药，保证施药12小时内无降雨，避免药害发生。

表2-5 烟田常用除草剂对烟草安全性试验结果（2014年）

编号	株高（cm）	株高抑制率（%）	鲜重（kg）	鲜重抑制率（%）
A	150.27	0	1.95	12.92
B	144.60	0	2.34	0
C1	145.29	0	2.15	3.88
C2	134.07	7.18	2.04	8.93
D1	141.27	2.19	2.33	0
D2	141.60	1.97	2.17	2.93
D3	137.87	4.55	2.01	10.27
E1	142.49	1.35	2.33	0
E2	128.13	11.29	1.79	20.09
F	145.88	0	2.21	1.22
G	146.17	0	2.30	0
H	132.22	8.46	1.90	15.11
I	142.96	1.03	2.26	0
J	144.44	-	2.24	-

第二节 烟田常用除草剂品种简介

1. 敌草胺

【通用名称】napropamide。

【商品名称】旱克、旱尊、大惠利、农笑乐等。

【加工剂型】50%可湿性粉剂、50%水分散粒剂。

【药剂特点】敌草胺属酰胺类内吸传导型芽前除草剂。药剂被杂草的根和芽鞘吸收后，抑制细胞分裂和蛋白质合成，使杂草根生长受影响、心叶卷曲，最后死亡。

【防除对象】稗草、马唐、狗尾草、野燕麦、看麦娘、早熟禾、雀稗、硬草等禾本科杂草，也能防除藜、猪殃殃、繁缕、马齿苋、雀舌草等阔叶杂草。对多年生杂草和已出苗的杂草无效。

【使用时期】整地后烟草苗床播种前或大田移栽前使用。

【使用剂量】烟草苗床：用 50% 敌草胺可湿性粉剂（或水分散粒剂）100~150g/亩。移栽大田：用 50% 敌草胺可湿性粉剂（或水分散粒剂）100~200g/ 亩（南方地区）或 150~250g/ 亩（北方地区）。若铺地膜，可适当降低用药量。

【使用技术】每亩兑水 50kg 均匀喷施于土表。土壤干旱或药后 5~7d 内连续遇天气干燥，应采取人工措施，保持土壤湿润。

【注意事项】①每季作物使用 1 次。②对胡萝卜、芹菜、菠菜、莴苣、茴香等有药害，施药时注意药剂飘移问题。③施药时期在杂草出苗前，最迟不超过 1 叶期，施药后尽量减少动土。④土壤湿度是药效发挥的关键因素，在高温季节、高温地区、干旱无灌溉条件下不宜用药。

2. 砜嘧磺隆

【通用名称】rimsulfuron。

【商品名称】宝成。

【加工剂型】25% 水分散粒剂。

【药剂特点】砜嘧磺隆属磺酰脲类内吸传导型芽后除草剂。药剂被杂草茎叶及根部吸收后，迅速在植物体内传导并抑制缬氨酸和异亮氨酸的合成，阻止细胞分裂，杀死杂草。敏感杂草吸药后 3d 变黄，1~3 周枯萎死亡。

【防除对象】马唐、牛筋草、稗草、狗尾草等禾本科杂草，龙葵、铁苋菜、荠菜、马齿苋、反枝苋、繁缕、藜、鳢肠、鸭跖草、猪殃殃等阔叶杂草，香附子、碎米莎草等莎草科杂草。

【使用时期】在杂草 2~4 叶期使用。

【使用剂量】用 25% 砜嘧磺隆水分散粒剂 5~6g/ 亩。

【使用技术】在烟苗移栽后、杂草 2~4 叶期，每亩兑水 30~50kg，加防护罩定向喷雾处理。

【注意事项】①每季作物最多使用 1 次。②在喷药时应控制高度，使药液正好覆盖在作物行间，沿行间均匀喷施，避免将药液直接喷撒到烟叶上。③使用砜嘧磺隆前后 7d 内，禁止使用有机磷杀虫剂，避免产生药害。

3. 异丙甲草胺

【通用名称】metolachlor。

【商品名称】都尔。

【加工剂型】72% 乳油。

【药剂特点】异丙甲草胺属酰胺类内吸传导型播后芽前除草剂。药剂被敏感杂草的幼芽吸收后，主要抑制发芽种子的蛋白质合成，其次抑制胆碱渗入磷脂、干扰卵磷脂形成，造成杂草的幼芽和根停止生长，最终死亡。由于禾本科杂草幼芽吸收异丙甲草胺的能力比阔叶杂草强，因而防除禾本科杂草的效果好于阔叶杂草。

【防除对象】牛筋草、马唐、稗草、狗尾草等一年生禾本科杂草，对苋菜、马齿苋、荠菜、蓼、藜等阔叶杂草和碎米莎草、异型莎草也有一定的防效。

【使用时期】烟苗移栽前 1~3d，整地起垄后覆膜前使用。

【使用剂量】用 72% 异丙甲草胺乳油 100~150mL/ 亩。

【使用技术】烟田起垄后，每亩兑水 30~50kg 对垄面喷雾使用，然后覆膜，1~3d 后移栽烟苗。

【注意事项】①异丙甲草胺对萌发而未出土的杂草有效，对已出土的杂草无效。②药效易受气温和土壤肥力条件的影响。温度偏高时和沙质土壤用药量宜低；反之，气温较低时和黏质土壤用药量可适当偏高。③干旱不利于药效发挥，最好是在降雨或灌溉前施用，若土壤过于干旱或预报短期内不会降雨，则于施药后浅层混土 2~3cm。

4. 精异丙甲草胺

【通用名称】s-metolachlor。

【商品名称】金都尔。

【加工剂型】960g/L 乳油。

【药剂特点】精异丙甲草胺属酰胺类内吸传导型播后苗前除草剂，是异丙甲草胺的 S 活性异构体，二者的药剂特点、防除对象、使用时期和使用技术均相同，但精异丙甲草胺的杀草活性和对作物的安全性更高。

【防除对象】牛筋草、马唐、稗草、狗尾草等一年生禾本科杂草，对苋菜、马齿苋、荠菜、蓼、藜等阔叶杂草和碎米莎草、异型莎草也有一定的防效。

【使用时期】烟苗移栽前 1~3d，整地起垄后覆膜前使用。

【使用剂量】用 960g/L 精异丙甲草胺乳油 40~75mL/ 亩。

【使用技术】烟田起垄后，每亩兑水 30~50kg 对垄面喷雾使用，然后覆膜，1~3d 后移栽烟苗。

【注意事项】同异丙甲草胺。

5. 二甲戊灵

【通用名称】pendimethalin。

【商品名称】田普、施田补、二甲戊乐灵、除芽通等。

【加工剂型】330g/L（或 33%）乳油、450g/L 微囊悬浮剂。

【药剂特点】二甲戊灵属苯胺类除草剂，是具有局部内吸性的触杀型药剂，芽前和芽后早期均可使用。药剂被幼芽、茎和幼根吸收后，与微管蛋白结合，抑制植物细胞有丝分裂，从而造成杂草死亡。二甲戊灵多作为烟田抑芽剂登记使用，可有效抑制烟苗腋芽的生长。

【防除对象】稗草、马唐、狗尾草、千金子、牛筋草等一年生禾本科杂草，马齿苋、苋、藜、苘麻、龙葵等部分阔叶杂草，碎米莎草和异型莎草等莎草科杂草。对禾本科杂草的防除效果优于阔叶杂草，对多年生杂草效果差。

【使用时期】整地起垄后、烟苗移栽前使用。

【使用剂量】用 450g/L 二甲戊灵微囊悬浮剂 150~200g/ 亩（东北地区）或 110~150g/ 亩（其他地区）。

【使用技术】烟苗移栽前 1~3d，每亩兑水 30~50kg 喷雾使用。若是覆膜移栽，需在覆膜前施药。

【注意事项】①每季作物最多使用 1 次。②土壤有机质含量低、沙质土、低洼地等用低剂量，土壤有机质含量高、黏质土、气候干旱、土壤含水量低等用高剂量。③对甜瓜、甜菜、西瓜、菠菜等作物易产生药害，施药时注意药剂飘移问题。

6. 异噁草松·异丙甲草胺

【通用名称】clomazone + metolachlor。

【商品名称】斗酷。

【加工剂型】80% 乳油（有效成分量 16%+64%）。

【药剂特点】本品是异丙甲草胺和异噁草松的复合制剂，既扩大了每种单剂的杀草谱又减少了各自的用量。此复配剂属内吸传导型芽前除草剂，对未萌发的多种一年生禾本科杂草和阔叶杂草防效优良。

【防除对象】马唐、牛筋草、稗、狗尾草、马齿苋、反枝苋、藜、小藜、龙葵、酸模叶蓼、鸭跖草、荠菜等一年生禾本科杂草和阔叶杂草。

【使用时期】烟苗移栽前 1~3d，整地起垄后覆膜前使用。

【使用剂量】用 80% 异噁草松·异丙甲草胺乳油 80~100mL/ 亩。

【使用技术】烟田起垄后，每亩兑水 30~50kg 对垄面喷雾使用，然后覆膜，1~3d 后移栽烟苗。

【注意事项】①每季作物最多使用 1 次。②施药时注意土壤湿度，土壤湿度好有利于提高药效，土壤干旱时应提高用药及用水量。③药效易受气温和土壤肥力条件的影响。温度偏高时和沙质土壤用药量宜低；反之，气温较低时和黏质土壤用药量可适当偏高。

7. 精喹禾灵·异噁草松

【通用名称】quizalofop-ethyl + clomazone。

【商品名称】未查到此产品的商品名。

【加工剂型】29% 乳油（有效成分量 5%+24%）。

【药剂特点】本品是精喹禾灵和异噁草松的复合制剂，兼具两种药剂的特点，可扩大杀草谱，降低药剂的使用量。精喹禾灵属芳氧基苯氧基丙酸类内吸传导型苗后除草剂，对禾本科杂草具有很好的防效，药剂被敏感杂草吸收后抑制细胞脂肪酸合成，造成杂草坏死。异噁草松属有机杂环类内吸传导型除草剂，芽前和苗后均可使用，药剂被敏感杂草吸收后抑制植物叶绿素的合成，造成植株白化，最终死亡。

【防除对象】稗草、狗尾草、马唐、金色狗尾草、牛筋草、龙葵、香薷、水棘针、马齿苋、苘麻、野西瓜苗、藜、小藜、遏蓝菜、柳叶刺蓼、酸模叶蓼、鸭跖草、毛豨莶、狼把草、鬼针草、苍耳、豚草等一年生禾本科和阔叶杂草。对多年生的刺儿菜、大蓟、苣荬菜、问荆等有较强的抑制作用。

【使用时期】烟苗移栽前 5~7d，整地起垄后覆膜前使用；也可在揭膜烟田培土后使用。

【使用剂量】烟苗移栽前 5~7d 或烟田揭膜培土后：用 29% 精喹禾灵·异噁草松乳油 50~70mL/ 亩。已出土杂草要在 1~3 叶期施药，杂草叶龄较大时须适当加大用药量。

【使用技术】烟田起垄后，每亩兑水 30~50kg 对垄面喷雾使用，然后覆膜，5~7d 后移栽烟苗。也可在烟田揭膜培土后，每亩兑水 30~50kg 喷施垄间。

【注意事项】①每季作物最多使用 1 次。②施药时注意土壤湿度，土壤湿度好有利于提高药效，土壤干旱时应提高用药及用水量。

8. 仲丁灵·异噁草松

【通用名称】butralin + clomazone。

【商品名称】锄豹、烟舒。

【加工剂型】50% 乳油 (有效成分量 37.5%+12.5%) 或 40% 乳油（有效成分量 30%+10%）。

【药剂特点】本品是仲丁灵和异噁草松的复配制剂。仲丁灵属二硝基苯胺类芽前除草剂，以触杀性为主兼具局部内吸性，药剂被敏感植株吸收后主要抑制分生组织的细胞分裂，从而抑制杂草幼芽及幼根的生长，导致杂草死亡。仲丁灵单剂常作为烟苗抑芽剂使用，与异噁草松配合使用则是对一年生杂草防效很好的选择性芽前除草剂。

【防除对象】稗草、牛筋草、马唐、狗尾草、看麦娘、野燕麦、黑麦草、藜、马齿苋、反枝苋、萹蓄、繁缕、鳢肠、车前、菟丝子等一年生禾本科杂草及部分阔叶杂草。

【使用时期】烟苗移栽前 1~3d，整地起垄后覆膜前使用。

【使用剂量】用 50% 仲丁灵 · 异噁草松乳油 150~200mL/ 亩。

【使用技术】烟田起垄后，每亩兑水 30~50kg 对垄面喷雾使用，然后覆膜，1~3d 后移栽烟苗。

【注意事项】①每季作物最多使用 1 次。②施药时注意土壤湿度，土壤湿度好有利于提高药效，土壤干旱时应提高用药及用水量。

9. 威百亩

【通用名称】metam-sodium。

【商品名称】线克。

【加工剂型】42% 水剂、35% 水剂。

【药剂特点】威百亩属二硫代氨基甲酸酯类土壤熏蒸剂，其在土壤中降解成异氰酸甲酯发挥熏蒸作用，通过抑制生物细胞分裂和 DNA、RNA 和蛋白质的合成以及造成生物呼吸受阻,有效杀灭根结线虫、地下害虫、杂草和真菌等有害生物。

【防除对象】土壤内各类杂草种子、根结线虫、地下害虫和真菌。

【使用时期】烟草苗床播种前 15~20d 使用。

【使用剂量】用 42% 威百亩水剂 40~60mL/ 亩。

【使用技术】将苗床土壤耕松整平之后，按制剂用药量加水稀释 50~75 倍（视土壤湿度而定），均匀喷洒苗床表面，使药液润透土层 4cm。施药后立即覆盖聚乙烯地膜阻止药气泄漏。施药 10d 后除去地膜，耙松土壤，使残留药气充分挥发 5~7d。待土壤残余药气散尽后，即可播种或栽植。

【注意事项】①本品不可直接施用于作物表面，烟草苗床土壤每年最多施药 1 次，安全间隔期 120d。②建议地温 10℃以上时使用，地温低时熏蒸时间需延长。

10. 草铵膦

【通用名称】glufosinate ammonium。

【商品名称】保试达、百速顿。

【加工剂型】200g/L 可溶液剂。

【药剂特点】草铵膦属有机磷类触杀型非选择性除草剂，具有一定的内吸作用。药剂被植物吸收后，抑制谷氨酰胺合成酶的活性，造成体内氮代谢紊乱，氨过量积累，导致叶绿体解体，破坏光合作用，最终杀死植物。草铵膦多用于防除果园、非耕地的一年生或多年生杂草，尤其是对多年生杂草和抗性杂草有良好的防效。保护性施用草铵膦也可用于作物田行间防除难防杂草。

【防除对象】防除几乎所有的一年生或多年生禾本科杂草、阔叶杂草和莎草科杂草。

【使用时期】烟苗封行前，杂草营养生长旺盛期使用。

【使用剂量】用 200g/L 草铵膦可溶液剂 200~300mL/ 亩。

【使用技术】在烟苗封行前、杂草营养生长旺盛期，每亩兑水 40~50kg，加防护罩定向喷雾处理。

【注意事项】①草铵膦为广谱灭生性除草剂，使用时须避免药剂直接喷撒至烟草叶片上。②草铵膦使用中，用水量一定要充足。充足的用水量加大了叶片的药液浸渍时间，大大提高了药效。③草铵膦在植物体内的传导性差，施药时要均匀喷施。

11. 高效氟吡甲禾灵

【通用名称】haloxyfop-r-methyl。

【商品名称】高效盖草能。

【加工剂型】108g/L 乳油。

【药剂特点】高效氟吡甲禾灵属芳氧基苯氧基丙酸类内吸传导型苗后茎叶处理剂。药剂被敏感植物的叶片吸收后，传导至整个植株，抑制植物分生组织生长，从而杀死杂草。高效氟吡甲禾灵对禾本科杂草具有很好的防除效果，正常情况下使用对各种阔叶作物高度安全。

【防除对象】防除野燕麦、稗、马唐、狗尾草、牛筋草、看麦娘、硬草、早雀麦、芦苇、狗牙根、假高粱等一年生和多年生禾本科杂草，对阔叶杂草和莎草无效。

【使用时期】在烟苗移栽后、禾本科杂草 3~5 叶期使用。

【使用剂量】防除 3~5 叶期的一年生禾本科杂草时用 108g/L 高效氟吡甲禾灵乳油 20~30mL/ 亩。若杂草草龄较大，须适当加大用药量至 30~40mL/ 亩。

【使用技术】杂草 3~5 叶期时，每亩兑水 30~45kg，对杂草喷雾处理。

【注意事项】①下雨前 4h 内或大风天，不可施药，避免药剂飘移至禾本科作物田。②本品不可与呈碱性的农药等物质混合使用。

12. 精吡氟禾草灵

【通用名称】fluazifop-P。

【商品名称】精稳杀得。

【加工剂型】15% 乳油。

【药剂特点】精吡氟禾草灵属芳氧基苯氧基丙酸类内吸传导型茎叶处理剂。药剂被敏感的禾本科杂草叶片、茎吸收后，抑制脂肪酸合成，造成杂草死亡。精吡氟禾草灵对禾本科杂草具有很好的防除效果，正常情况下使用对各种阔叶作物高度安全。

【防除对象】稗草、野燕麦、狗尾草、金色狗尾草、牛筋草、看麦娘、千金子、画眉草、狗牙根、假高粱、芦苇、白茅等一年生或多年生禾本科杂草。对阔叶杂草和莎草科杂草无效。

【使用时期】在烟苗移栽后、禾本科杂草 3~5 叶期使用。

【使用剂量】防除 3~5 叶期的一年生禾本科杂草时用 15% 精吡氟禾草灵乳油 50~70mL/ 亩。若杂草草龄较大，须适当加大用药量。

【使用技术】每亩兑水 30~45kg，对杂草喷雾处理。

【注意事项】避免在高温、干旱、大风的条件下施药，避免药剂飘移至禾本科作物田。

13. 氯氟吡氧乙酸

【通用名称】fluroxypyr。

【商品名称】使它隆、鼎隆、阔封。

【加工剂型】200g/L 乳油。

【药剂特点】氯氟吡氧乙酸属吡啶氧乙酸类内吸传导型苗后除草剂。药剂被敏感植物吸收后，使敏感植物出现典型激素类除草剂反应，植株畸形、扭曲，最终枯死。

【防除对象】防除猪殃殃、马齿苋、卷茎苋、田旋花、繁缕、播娘蒿、空心莲子草等阔叶杂草，尤其是对空心莲子草特效。对禾本科杂草和莎草科杂草无效。

【使用时期】在阔叶杂草 2~5 叶期或空心莲子草出苗高峰后幼茎伸长始期使用。

【使用剂量】用 200g/L 氯氟吡氧乙酸乳油 50~67mL/ 亩。

【使用技术】每亩兑水 30~45kg，加防护罩对杂草定向喷雾处理。

【注意事项】①氯氟吡氧乙酸对烟草有严重的药害，须谨慎使用。可以在空心莲子草大量发生的烟田使用，但施用时避免药剂喷洒到烟草叶片上。②在高温、干旱、大风条件下，不宜施药。

14. 乙草胺

【通用名称】acetochlor。

【商品名称】禾耐斯。

【加工剂型】900g/L 乳油、50% 乳油。

【药剂特点】乙草胺属酰胺类内吸传导型芽前除草剂。敏感植物主要是通过胚芽鞘（单子叶植物）或下胚轴（双子叶植物）吸收药剂，吸收后向上传导。乙草胺主要通过阻止蛋白质的合成而抑制细胞生长，使杂草幼芽、幼根生长停止，进而死亡。禾本科杂草吸收乙草胺的能力比阔叶杂草强，所以防除禾本科杂草的效果优于阔叶杂草。

【防除对象】对马唐、狗尾草、牛筋草、稗草、千金子、看麦娘、野燕麦、早熟禾、硬草、画眉草等一年生禾本科杂草有特效，对藜科、苋科、蓼科、鸭跖草、牛繁缕、菟丝子等阔叶杂草也有一定的防效，但是效果比对禾本科杂草差，对多年生杂草无效。

【使用时期】在整地起垄后、覆膜前使用。

【使用剂量】用 900g/L 乙草胺乳油 80~100mL/ 亩。

【使用技术】烟田起垄后，每亩兑水 30~50kg 对垄面喷雾使用，然后覆膜，1~3d 后移栽烟苗。

【注意事项】①本品只对萌芽出土前的杂草有效，只能作土壤处理剂使用。②土壤含水量低时，使用高剂量，土壤含水量高时，使用低剂量。③沙质土壤使用低剂量，黏质土壤使用高剂量。

第三章 四川省烟田杂草综合防控技术规程

一、范围

烟田杂草综合防控技术规程（简称技术规程，下同）规定了四川省各烟区不同烟草轮作模式条件下的杂草群落、杂草综合治理措施及推荐的化学除草剂、除草剂应用方法。

本技术规程适用于本地区旱连作烟田和水旱轮作烟田的杂草综合防控。

二、引用标准

使用本技术规程的各方应探讨使用下列标准最新版本的可能性。

《GB/T 8321(所有部分)农药合理使用准则》。

《GB 4285–89 农药安全使用标准》。

《NY/T 1276 农药安全使用规范 总则》。

《NY/T 1997 除草剂安全使用技术规范 通则》。

三、烟田杂草综合防控技术

（一）植物检疫

烟草引种时，要严格杂草检疫制度，加强种子或种苗管理，特别是省外调运种子或种苗时，以及科研引种过程中，均需密切注意可能导致杂草扩散的各个环节，防止危险性杂草种子传入，杜绝其蔓延。

（二）生态措施及生物防治

采用覆盖法，即在覆膜移栽烟苗后15~20d，利用粉碎的麦类或油菜、玉米秸秆及碎草等覆盖在膜上（不能覆盖在烟苗上），可有效控制杂草的萌发和生长。一般每亩可覆盖粉碎的秸秆等150~200kg。

针对空心莲子草严重发生烟田，可在杂草株高 10~15cm 时，集中释放莲草直胸跳甲，释放量为 5~10 头 /m^2。

（三）农业措施

以农业措施防除杂草，是烟草田综合防除体系中不可缺少的途径之一。在烟草栽培过程中，要贯穿于每一生产环节。采用精选种子、施用腐熟有机肥料、清除田边、沟边杂草等措施减少杂草种子来源。采用种植烟草 1~2 年后与玉米、小麦、大豆、甘薯、水稻等作物轮作，有利于改变杂草群体，减少伴随性杂草种群，有效减少杂草基数，控制杂草危害。

（四）机械除草

烟苗移栽前耕地起垄，配合增施肥料，适当深耕，耕深可 20~30cm。

（五）盖黑膜或黑色地布除草

在适宜盖黑膜的烟草田，可覆盖黑色地膜或黑色地布，有效控制杂草的萌发和生长。

（六）人工除草

人工拔草、锄草、中耕上垄除草等方法直接杀死杂草。

（七）化学防除

利用烟草和杂草的土壤位差和空间位差，通过化学除草剂土壤处理或茎叶处理杀死杂草。

1. 要求

（1）选用高效、广谱、低毒、低残留，对烟草、人畜、天敌、生态环境安全的除草剂。原则上应选择经农业部登记及中国烟草总公司核准的除草剂品种。

（2）技术成熟、操作简便，符合农民使用习惯，容易掌握与普遍推广。

（3）严格按照相关技术规程的规定操作，以免操作失误或不慎影响除草效果，甚至出现药害。

（4）化学除草剂是有毒农药，要严格按照《农药安全使用标准》用药，以免中毒。

2. 施药方法

采用喷雾法施药。按除草面积大小，将规定量的除草剂加水稀释成药液，用不同类型喷雾器均匀喷雾，避免重喷和漏喷。人工背负式喷雾器喷施除草剂兑水量一般为每亩用 30~40L。不能用机动喷雾器喷施除草剂。除草剂使用之前应详细阅读使用说明书，按说明书中规定的除草剂使用剂量、施药时期等执行。不同年份，除草剂应轮换使用。

3. 旱连作烟田杂草防控技术

（1）主要杂草种类 马唐、尼泊尔蓼、光头稗、辣子草、无芒稗、水蓼、酸模叶蓼、鸭跖草、铁苋菜、藜、繁缕、碎米荠、野燕麦、小藜、空心莲子草、牛筋草、凹头苋、腺梗豨莶、马兰、艾蒿、刺儿菜、木贼等。

（2）轮作模式 旱连作烟田主要位于四川盆周山地海拔 800~1 300m 的地区，烟草通常与玉米、蔬菜轮作。该类烟田湿度相对较小，喜旱性及中生性杂草发生较为普遍，且禾本科杂草与阔叶杂草多混生，草相较为复杂。在玉米田施用除草剂除草时，不能选择含莠去津、唑嘧磺草胺等长残留除草剂品种，以免对后茬烟草造成残毒危害。

（3）除草剂应用技术

①针对覆膜栽培烟草田：在烟苗移栽前 1~3d，可用 360g/L 异噁草松微囊悬浮剂亩用 30~35mL 或 33% 二甲戊灵乳油亩用 100~130mL 或 96% 精异丙甲草胺乳油亩用 (注意施药后 24h 内不要下雨)60~80mL 或 50% 萘丙酰草胺可湿性粉剂亩用制剂量 100g，兑水地表喷雾。如果田间干燥时，可以施药后立即浅混土，在地表形成药土层。或者加大喷液量，利于提高药效。尽量选择田间湿度较大时施药，以上午露水快干或下午起露前为宜，避开中午田间干燥时施药以提高药效。上述除草剂对马唐、牛筋草、光头稗等一年生禾本科杂草及部分阔叶杂草如繁缕防效优良，但对多数阔叶杂草防效较差。（若只需在垄上施药，而垄间采用人工除草或其他措施除草，除草剂用量可根据垄面积相应调减）

②针对不覆膜烟田或覆膜烟田垄间一年生禾本科杂草（如马唐、牛筋草、狗尾草等），可在禾本科杂草 3~5 叶期，选用 5% 精喹禾灵乳油亩用 50~70mL 或 10.8% 高效氟吡甲禾灵乳油亩用 25~30mL，兑水茎叶喷雾。

③针对不覆膜烟田或覆膜烟田垄间一年生阔叶杂草（如尼泊尔蓼、水蓼、绵毛酸模叶蓼、凹头苋 、藜等）及少量禾本科杂草，可以在杂草 2~4 叶期，选用 25% 砜嘧磺隆干悬浮剂亩用制剂量 5g，茎叶喷雾。若阔叶杂草与禾本科杂草均发生较多，且混生严重，可在杂草 2~4 叶期，选用 25% 砜嘧磺隆干悬浮剂亩用制剂量 5g+5% 精喹禾灵乳油亩用 50mL 或 10.8% 高效氟吡甲禾灵乳油亩用 30mL，兑水茎叶喷雾。

④针对多年生杂草（如艾蒿、马兰、刺儿菜、木贼等）严重的烟田，可在垄间保护性施用除草剂如 200g/L 草铵膦水剂亩用 350mL，兑水茎叶喷雾，注意避

免喷到烟叶上。

4. 水旱轮作烟田杂草防控技术

（1）主要杂草种类 光头稗、繁缕、碎米荠、马唐、辣子草、荠菜、空心莲子草、水稻自生苗、小藜、碎米莎草、通泉草、看麦娘、早熟禾、马兰、双穗雀稗等。

（2）轮作模式 水旱轮作烟田多位于海拔 500m 以下的平原地区，且集中于德阳烟区、宜宾烟区的长宁县及达州烟区的宣汉、开江部分地区。该类烟田通常湿度较大，喜湿性杂草发生量大，田间多以一年生禾本科杂草为主，局部区域多年生杂草较多。在水稻田施用除草剂除草时，不能选择含二氯喹啉酸、甲磺隆等长残留除草剂品种，以免对后茬烟草造成残毒危害。

（3）除草剂应用技术

①在整地起垄后，烟苗移栽前 1~3d，可用 360g/L 异噁草松微囊悬浮剂亩用 30~35mL 或 33% 二甲戊灵乳油亩用 100~130mL 或 96% 精异丙甲草胺乳油亩用 (注意施药后 24h 内不要下雨)60~80mL，兑水地表喷雾。如果田间干燥时，可以施药后立即浅混土，在地表形成药土层。或者加大喷液量，利于提高药效。尽量选择田间湿度较大时施药，以上午露水快干或下午起露前为宜，避开中午田间干燥时施药以提高药效。

②针对垄间一年生禾本科杂草（如马唐、野燕麦、小麦自生苗等），可在禾本科杂草 3~5 叶期，选用 5% 精喹禾灵乳油亩用 50~70mL 或 10.8% 高效氟吡甲禾灵乳油亩用 25~30mL，兑水茎叶喷雾。

③针对垄间一年生阔叶杂草（如水蓼、小藜、野油菜等）、莎草科杂草与禾本科杂草均发生较多且混生严重的田块，可在杂草 2~4 叶期，选用 25% 砜嘧磺隆干悬浮剂亩用制剂量 5g+5% 精喹禾灵乳油亩用 50mL 或 10.8% 高效氟吡甲禾灵乳油亩用 30mL，兑水茎叶喷雾；或在杂草基本出齐后，杂草株高 5~10cm 时期，垄间保护性施用 200g/L 草铵膦水剂亩用 250mL，兑水茎叶喷雾，注意避免喷到烟叶上。

④针对空心莲子草特别严重的烟田，可以在空心莲子草茎长 10~15cm 时，选用 200g/L 氯氟吡氧乙酸乳油亩用 60mL 或 200g/L 草铵膦水剂亩用 350mL，兑水茎叶喷雾，注意在垄间保护性施用，绝对不能飘洒到烟草叶片上。

⑤针对多年生杂草（如马兰、双穗雀稗、木贼等）严重的烟田，可在垄间保护性施用除草剂如 200g/L 草铵膦水剂亩用 350mL，兑水茎叶喷雾，注意避免喷到烟叶上。

5. 化学防除注意事项

（1）气温 喷药时气温最好选择在 15~30℃间，无风或微风天气，植株上无露水，喷药后 6h 内无降雨；注意风向，避免飘移发生药害。施药前后 3d 气温最低温度低于 10℃，禁止使用除草剂。

（2）敏感性 因不同烟草品种对不同的除草剂品种的敏感性程度不一样，故大面积使用某种除草剂之前一定要先在小面积上试验，试验证明对作物安全后才能较大面积推广应用。

（3）使用规范 具体应用时，要遵守农药安全使用规范，喷雾器具在使用前后要清洗干净，按准确用量将药剂稀释均匀，使用扇形喷嘴。喷头离靶标距离不超过 40cm，要求喷雾均匀、不漏喷、不重喷。喷施除草剂的人员要经过技术培训合格后方可操作。

（4）安全防护 药液配制及喷施过程中，做好必要的个人安全防护措施。在施药期间不得饮酒、抽烟，施药时应戴口罩、穿工作服，或穿长袖上衣、长裤和雨鞋；施药后要用肥皂洗手、洗脸。

附录一

ICS 65.100.20
B 15

中华人民共和国农业行业标准

NY/T 1997-2011

除草剂安全使用技术规范　通则

Guidelines for good herbicide application

2011-09-01 发布　　2011-12-01 实施

中华人民共和国农业部　发布

前　言

本标准按照 GB/T 1. 1—2009 给出的规则起草。

本标准由中华人民共和国农业部种植业管理司提出并归口。

本标准起草单位：全国农业技术推广服务中心。

本标准主要起草人：梁帝允、邵振润、张朝贤、张绍明、张贵锋、楚桂芬。

除草剂安全使用技术规范通则

1　范围

本标准规定了除草剂安全使用技术的基本要求。

本标准适用于农业使用除草剂的人员。

2 规范性引用文件

下列文件对于本文件的应用是必不可少的。凡是注日期的引用文件，仅注日期的版本适用于本文件。凡是不注日期的引用文件，其最新版本(包括所有的修改单)适用于本文件。

NY/T 1276 农药安全使用规范 总则

3 术语和定义

下列术语和定义适用于本文件。

3.1 除草剂残留 herbicide residue

除草剂使用后在农产品和环境中的活性成分及其在性质上和数量上有毒理学意义的代谢(或降解、转化)产物。

3.2 除草剂药害 herbicide injury

除草剂施用后致使当茬作物、邻近作物或后茬作物受害，最终导致作物品质降低、减产或绝产的现象。

3.3 杂草抗药性 herbicide resistance

指通常情况下能被一种除草剂有效防除的杂草种群中存在的那些能够存活的杂草生物型所具备的遗传能力。

3.4 敏感生物型 susceptible biotype

通常情况下杂草种群中能被除草剂有效防除的生物型。

3.5 抗药性生物型 resistant biotype

通常情况下能被除草剂有效防除的杂草种群中能够存活且具有繁殖能力的生物型。

3.6 疑似抗药性生物型 suspected resistant biotype

尚待确认的抗药性生物型。

4 除草剂选择

4.1 按照国家政策和有关法规规定选择

应按照国家农药产品登记的作物和防除对象及标签上的规定选择适宜的除草剂产品。使用限用除草剂产品应遵循相关规定。

4.2 根据防治对象选择

根据杂草发生种类和时期选择适宜的除草剂产品。单一杂草种类发生时，应选择对防除对象专一性强的除草剂品种；单、双子叶杂草混合发生时，应选择杀草谱广且对优势杂草种群有效的除草剂。

4.3 根据农作物安全要求选择

应选择对当茬作物及后茬作物安全的除草剂产品。

4.4 根据生态环境安全要求选择

应选择残留危害小、对地下水源及土壤等无污染的环境友好除草剂产品。

5 除草剂的配制

5.1 准确称量

准确核定施药面积，根据农药标签推荐的除草剂使用剂量计算除草剂用量。用专用量具准确量取。

5.2 配制方法

5.2.1 应根据除草剂剂型，按照农药标签推荐的方法配制除草剂。

5.2.2 应根据不同处理方法、施药器械确定喷液量。

5.2.3 应选择清水配制除草剂，不应用配制除草剂的器具直接取水，药液不应超过额定容量。

5.2.4 应采用“二次稀释法”进行操作：

a）用水稀释的除草剂：先用少量水将除草剂制剂稀释成“母液”，然后再将“母液”进一步稀释至所需要的浓度。

b）用固体载体稀释的除草剂：应先用少量稀释载体（细土、细沙、固体肥料等）将除草剂制剂均匀稀释成“母粉”，然后再进一步稀释至所需要的用量。

5.2.5 应现用现配，短时存放时，应密封并安排专人保管。配制现混现用的除草剂，应按照农药标签上的规定进行操作。

5.3 安全操作

5.3.1 量取和称量除草剂时，应在避风处操作。所有称量器具在使用后都要清洗，冲洗后的废液应在远离居所、水源和作物的地点妥善处理。用于量取除草剂的器皿不得作其他用途。

5.3.2 除草剂在使用前应始终保存在其原包装中。在量取除草剂后，封闭原除草剂包装并将其安全贮存。

5.3.3 配制除草剂时，应远离水源、居所、养殖场等场所。

6　除草剂的施用

6.1　施药器械

6.1.1　施药器械选择

6.1.1.1　应选择正规厂家生产、通过“3C”认证的施药器械。应选用扇形雾喷头，不宜使用空心圆锥喷头。

6.1.1.2　应综合考虑防治规模、防治时间、防治场所等情况选择施药器械。

6.1.1.3　在周围已种植对喷施除草剂敏感作物的田块，喷施除草剂时宜使用防风喷头，并加装防风罩。

6.1.2　施药器械检查与校准

6.1.2.1　在施药作业前，应检查施药器械的压力部件和控制部件，保证喷雾器(机)截止阀正常，药液箱盖进气孔通畅，喷头无堵塞，各接口无滴漏。

6.1.2.2　在施药作业前，应对喷雾机具进行校准，校准因子包括行走速度、喷幅以及喷头药液流量和压力。校准方法如下：

a）喷雾器先装上水，加压并保持所需压力，喷雾 0.5min 后，将容器置于喷头下开始计时，喷雾 1min，测量从喷头喷出的水量，如此重复 4 次，计算其平均值，测定每分钟喷头的药液流量。

b）根据土壤或茎叶处理确定 $1hm^2$ 施药量。使用扇形喷头，距地面 50cm，将喷雾器加压到所需的压力，喷雾 0.5min，测定喷雾器的有效喷幅 (m)；按式（1）计算行走速度：

$$V=-\frac{Q}{qB}\times 10^4 \qquad (1)$$

式中：

V——行走速度，单位为米每分钟（m/min）；

Q——喷嘴流量，单位为升每分钟（L/min）；

q——喷药液量，单位为升每公顷（L/hm^2）；

B——有效喷幅，单位为米（m）。

6.1.3　施药器械的维护

6.1.3.1　施药作业结束后，应用清水或碱性洗液彻底清洗存留在喷雾器唧筒、药箱、喷杆及喷头的除草剂残药。

6.1.3.2　存放前，应对喷雾器械进行保养。然后放于通风干燥处，避免露天存放或与其他农药，酸、碱等腐蚀性物质存放在一起。切勿靠近火源。

6.2 施药条件

6.2.1 气候因素

6.2.1.1 喷施除草剂应选择晴好天气进行，不应在雨天喷施除草剂。

6.2.1.2 避免在极端低温或高温等影响除草剂发挥药效的条件下施药。

6.2.1.3 风速大于二级时不适宜喷施除草剂。

6.2.2 土壤因素

6.2.2.1 喷施土壤处理除草剂时，宜在地块平整、墒情适宜的条件下进行。

6.2.2.2 在沙性土壤上不宜使用淋溶性较强的除草剂。

6.3 施药时期

6.3.1 种植前施药

在作物播种或移栽前，喷施土壤处理除草剂进行土壤封闭，或使用茎叶处理剂防除已出苗的杂草。

6.3.2 播后苗前施药

在作物播种后出苗前，喷施土壤处理除草剂进行土壤封闭，或使用茎叶处理剂防除已出苗的杂草。

6.3.3 苗后施药

作物出苗或移栽后，使用茎叶处理剂防除已出苗的杂草，或使用土壤处理除草剂防除尚未出苗的杂草。非选择性除草剂应采用行间定向保护性喷雾。

6.4 施药方法

施药方法包括喷雾法、撒施法、瓶甩法和滴施法等，施药时应保证精确称量药剂，准确配制药液，并均匀施药。

6.5 安全防护

6.5.1 人员

配制和施用除草剂人员应身体健康，具备一定的化学除草知识。儿童、老人、体弱多病者和经期、孕期、哺乳期妇女不应配制和施用除草剂。

6.5.2 防护

配制和施用除草剂时，应穿戴必要的防护用品，避免用手直接接触除草剂。具体防护措施按照 NY/T1276 执行。

7 杂草抗药性治理

7.1 杂草抗药性监测

在除草剂应用过程中，应对杂草抗药性进行监测。除草剂对田间杂草药效降低时，应分析原因，判断杂草是否产生抗药性。

7.2 杂草抗药性检测

7.2.1 采集种子

应在相同生境采集“敏感生物型”和“疑似抗药性生物型”杂草种子，并且在绝大多数种子成熟时采集，禾本科杂草最好的采集时间是 20% 的种子已脱落的时候；采集范围应不少于 1 亩；所采集的杂草种子量应不少于 2 000 粒，并记录杂草种子的相关采集信息。

7.2.2 生物测定

生物测定方法采用整株测定法，药剂处理剂量至少 6 个水平，以杂草鲜重为指标，求出剂量反应方程，计算抑制抗药性杂草 50% 生长的剂量 (ED_{50}) 和抑制敏感性杂草 50% 生长的剂量 (ED_{50})，按式（2）计量出抗药性指数：

$$RI = -\frac{RED_{50}}{SED_{50}} \quad \cdots\cdots（2）$$

式中：

RI—— 抗药性指数；

R—— 抗药性生物型；

S—— 敏感生物型；

ED_{50}—— 抑制杂草 50% 生长的剂量。

7.3 抗药性杂草的治理

7.3.1 作物轮作

应建立科学合理的作物轮作系统，种植不同作物，避免由于连作而长期使用作用机制相同的除草剂。

7.3.2 栽培控草

采用有利于作物竞争的栽培模式，控制杂草危害。

7.3.3 交替轮换用药

交替轮换使用作用机制不同的除草剂，在一个作物生育季节，严格限制作用机制相同的除草剂的使用次数。

7.3.4 除草剂混用

采用作用机制不同的除草剂混用，避免混用有交互抗性的除草剂品种。

7.3.5 防止扩散

一旦确认抗药性杂草，应在种子成熟前拔除抗药性杂草植株，以避免其种子落入土壤继续扩散；并应采取各种有效防除措施，以减少抗药性杂草种子传入其他地块或区域。

7.3.6 科学治理

应采取多种有效防除措施治理抗药性杂草。

8 除草剂药害的预防

8.1 当茬作物药害预防

8.1.1 严格掌握除草剂对不同作物、品种及生育期的敏感性。首次使用的除草剂品种以及与其他物质的混用，应经过试验后方可使用，避免除草剂误用造成作物药害。

8.1.2 应准确称量除草剂药量，特别是活性高、安全范围窄的除草剂品种，应严格按照除草剂标签推荐用量使用，不应随意加大除草剂用量，避免除草剂超量使用造成作物药害。

8. 1.3 应均匀喷施除草剂，不应重复喷施，避免除草剂超量使用造成作物药害。

8.1.4 施药区域周边种植有对拟使用除草剂较敏感的作物时，应通过压低喷头、加装防风罩、选择无风时节用药等措施，避免除草剂对邻近作物造成飘移药害。不应在种植有敏感作物的农田附近喷施挥发性较强，具有潜在飘移药害风险的除草剂品种。

8.1.5 施用灭生性除草剂时应避免喷施到作物，行间施药时应加装防护罩；非耕地施药时，应远离农田、水塘，防止雾滴飘移和降雨形成的地表径流造成邻近作物药害。

8.1.6 除草剂喷施器械应专用，清洗喷雾器具的残液应妥善处理，避免因污染灌溉沟渠和水塘等水源而造成除草剂药害。

8.1.7 不应随意丢弃除草剂废弃包装物，应集中焚毁或掩埋，避免因污染灌溉沟渠和水塘等水源而造成除草剂药害。

8.2 后茬作物药害预防

8.2.1 轮作倒茬时，应掌握上茬作物除草剂使用情况，避免种植对上茬所用除草剂敏感的作物品种。

8.2.2 应使用易降解、残效期短的除草剂，不应使用在农田土壤中残效期长的除草剂品种，避免农田土壤中残留的除草剂造成后茬作物药害。

附录二 四川省烟田杂草名录

中文名称	拉丁学名	一年生	多年生	分布范围						
				达州	广元	泸州	宜宾	攀枝花	凉山州	德阳
木贼科 Equisetaceae										
问荆	*Equisetum arvense* L.		*				*	*		
笔管草	*Equisetum debile* Roxb.		*			*	*		*	
散生木贼	*Equisetum diffusum* Don		*		*	*	*		*	*
节节草	*Equisetum ramosissimum* Desf.		*	*						
蘋科 Marasileaceae										
四叶蘋	*Marsilea quadrifolia* L.		*	*						
爵床科 Acanthaceae										
爵床	*Rostellularia procumbens*（L.）Nees	*		*			*			
苋科 Amaranthaceae										
牛膝	*Achyranthes bidentata* BL.		*	*			*			
空心莲子草	*Alternanthera philoxeroides* (Mart.) Griseb		*	*	*	*	*	*	*	*
千穗苋	*Amaranthus hypochondriacus* L.	*						*		
凹头苋	*Amaranthus lividus* L.	*		*	*	*	*	*	*	*
反枝苋	*Amaranthus retroflexus* L.	*		*	*		*	*	*	*
紫草科 Boraginaceae										
柔弱斑种草	*Bothriospermum tenellum* (Hornem.) Fisch.et Mey.	*		*			*			*
弯齿盾果草	*Thyrocarpus glochidiatus* Maxim.		*		*					*
附地菜	*Trigonotis peduncularis* (Trev.) Benth.	*		*		*	*			*
桔梗科 Campanulaceae										
半边莲	*Lobelia chinensis* Lour.		★	★			★			★
石竹科 Caryophyllaceae										
簇生卷耳	*Cerastium caespitosum* Gilib.		★	★		★	★			

续表

中文名称	拉丁学名	一年生	多年生	分布范围						
				达州	广元	泸州	宜宾	攀枝花	凉山州	德阳
漆姑草	*Sagina japonica* (Sw.) Ohwi	★		★		★				★
大爪草	*Spergula arvensis* L.	★							★	
雀舌草	*Stellaria alsine* Grimm.	★		★		★	★			★
繁缕	*Stellaria media* (L.) Cyr.		★	★	★	★	★			★
石生繁缕	*Stellaria vestita* Kurz	★		★	★	★	★	★	★	★
藜科 Chenopodiaceae										
藜	*Chenopodium album* L.	★		★	★	★	★	★	★	★
土荆芥	*Chenopodium ambrosioides* L.	★						★	★	
杖藜	*Chenopodium gigantuem* D.Don	★				★	★		★	
小藜	*Chenopodium serotinum* L.	★		★	★			★	★	★
地肤	*Kochia scoparia* (L.) Schrad.	★						★		
菊科 Compositae										
胜红蓟	*Ageratum conyzoides* L.	★		★			★	★	★	
黄花蒿	*Artemisia annua* L.	★		★		★	★			
艾蒿	*Artemisia argyi* Lé vl. et Van.		★	★	★	★	★		★	★
猪毛蒿	*Artemisia scoparia* Waldst. et Kit.		★						★	
鬼针草	*Bidens bipinnata* L.	★		★	★	★	★	★	★	★
小花鬼针草	*Bidens parviflora* Willd.	★		★						
三叶鬼针草	*Bidens pilosa* L.	★		★		★	★	★	★	
狼把草	*Bidens tripartita* L.	★		★		★				
天名精	*Carpesium abrotanoides* L.		★	★						
石胡荽	*Centipeda minima* (L.) A.Br. et Aschers.	★		★		★				★
刺儿菜	*Cirsium segetum* Bge.		★	★	★	★	★			
野塘蒿	*Conyza bonariensis* (L.) Cronq.	★			★				★	
小飞蓬	*Conyza canadensis* (L.) Cronq.	★		★	★	★	★	★	★	★
野茼蒿	*Crassocephalum crepidioides* S.Moore	★		★		★	★	★	★	
鱼眼草	*Dichrocephala auriculata* (Thunb.) Druce	★						★		
小鱼眼草	*Dichrocephala benthamii* C.B. Clarke	★					★	★	★	
鳢肠	*Eclipta prostrata*(L.) Hassk.	★		★	★	★	★		★	★
一年蓬	*Erigeron annuus* (L.) Pers.	★		★			★			
紫茎泽兰	*Eupatorium coelestinum* L.		★				★		★	
辣子草	*Galinsoga parviflora* Cav.	★		★	★	★	★	★	★	★

续表

中文名称	拉丁学名	一年生	多年生	分布范围						
				达州	广元	泸州	宜宾	攀枝花	凉山州	德阳
粗毛牛膝菊	*Galinsoga quadriradiata* Ruiz et Pav.	★							★	
鼠鞠草	*Gnaphalium affine* D. Don	★		★	★	★	★	★	★	★
多茎鼠鞠草	*Gnaphalium polycaulon* Pers.	★		★			★		★	★
泥胡菜	*Hemistepta lyrata* Bge.	★		★						
苦菜	*Ixeris chinensis* (Thunb.) Nakai		★	★	★	★	★			
抱茎苦荬菜	*Ixeris sonchifolia* Hance.		★				★			
马兰	*Kalimeris indica* (L.) Sch.-Bip.		★	★	★	★	★			★
山马兰	*Kalimeris lautureanus* (Debx.) Kitam.		★		★	★	★			
山莴苣	*Lactuca sibirica* (L.) Benth. ex Maxim.	★		★			★		★	★
稻槎菜	*Lapsana apogonoides* Maxim.	★								★
钻形紫苑	*Aster subulatus* Michx.		★	★						
腺梗豨莶	*Sigesbeckia pubescens* Makino	★		★	★		★	★	★	
苣荬菜	*Sonchus brachyotus* DC.		★	★	★		★	★	★	
苦苣菜	*Sonchus oleraceus* L.	★		★						
孔雀草	*Tagetes patula* L.	★						★	★	
蒲公英	*Taraxacum mongolicum* Hand.-Mazz.		★	★			★		★	
苍耳	*Xanthium sibiricum* Patrin.	★		★			★			
异叶黄鹌菜	*Youngia heterophylla* (Hemsl.) Babc.et Setbb.		★							★
黄鹌菜	*Youngia japonica* (L.) DC.	★		★		★	★			★
旋花科 Convolvulaceae										
打碗花	*Calystegia hederacea* Wall.		★		★	★	★		★	
圆叶牵牛	*Pharbitis purpurea* (L.) Voigt	★						★	★	
景天科 Crassulaceae										
珠芽景天	*Sedum bulbiferum* Makino	★		★		★				
凹叶景天	*Sedum emarginatum* Migo.		★			★	★			
垂盆草	*Sedum sarmentosum* Bunge		★	★	★	★	★			
十字花科 Cruciferae										
荠菜	*Capsella bursa-pastoris* (L.) Medic.	★		★	★	★	★		★	★
碎米荠	*Cardamine hirsuta* L.	★		★	★	★	★	★	★	★
野芥菜	*Raphanus raphanistrum* L.	★		★	★		★	★	★	★
风花菜	*Rorippa globosa* (Turcz.) Hayek	★							★	
无瓣蔊菜	*Rorippa dubia* (Pers.) Hara	★		★	★		★			★

续表

中文名称	拉丁学名	一年生	多年生	分布范围						
				达州	广元	泸州	宜宾	攀枝花	凉山州	德阳
印度蔊菜	*Rorippa indica* (L.) Hiern	★							★	
遏蓝菜	*Thlaspi arvense* L.	★						★		
大戟科 Euphorbiaceae										
铁苋菜	*Acalypha australis* L.	★		★	★	★	★	★	★	★
地锦	*Euphorbia humifusa* Willd.	★		★						
白苞猩猩草	*Euphorbia heterophylla* L.	★						★		
叶下珠	*Phyllanthus urinaria* L.	★		★			★			
牻牛儿苗科 Geraniaceae										
野老鹳草	*Geranium carolinianum* L.	★		★	★	★	★			
唇形科 Labiatae										
风轮菜	*Clinopodium chinense* (Benth.) O.Ktze.		★	★	★	★	★			★
剪刀草	*Clinopodium gracile* (Benth.) Matsum.	★		★		★	★			★
香薷	*Elsholtzia ciliata* (Thunb.) Hyland.	★					★		★	
密花香薷	*Elsholtzia densa* Benth.	★						★		
宝盖草	*Lamium amplexicaule* L.	★			★					
益母草	*Leonurus japonicus* Houtt.	★			★		★			
地笋	*Lycopus lucidus* Turcz.		★	★						
野薄荷	*Mentha haplocalyx* Briq.		★	★			★			
紫苏	*Perilla frutescens* (L.) Britt.	★		★		★	★		★	
夏枯草	*Prunella vulgaris* L.		★	★			★			
荔枝草	*Salvia plebeia* R.Br.	★				★	★	★	★	
豆科 Leguminosae										
紫云英	*Astragalus sinicus*L.	★							★	★
截叶铁扫帚	*Lespedeza cuneata* (Dum.-Cours.) G.Don	★		★						
白车轴草	*Trifolium repens* L.		★							★
广布野豌豆	*Vicia cracca* L.		★			★	★			
小巢菜	*Vicia hirsuta* (L.) Gray	★						★		
大巢菜	*Vicia sativa* L.	★		★	★			★	★	
长柔毛野豌豆	*Vicia villosa* Roth	★							★	
千屈菜科 Lythraceae										
节节菜	*Rotala indica* (Willd.) Koehne	★		★			★	★	★	

续表

中文名称	拉丁学名	一年生	多年生	分布范围						
				达州	广元	泸州	宜宾	攀枝花	凉山州	德阳
锦葵科 Malvaceae										
苘麻	*Abutilon theophrasti* Medic.	★								★
冬葵	*Malva verticillata* L.	★						★		
桑科 Moraceae										
葎草	*Humulus scandens* (Lour.) Merr.	★								★
柳叶菜科 Onagraceae										
草龙	*Ludwigia hyssopifolia* (G.Don) Exell	★				★	★			
丁香蓼	*Ludwigia prostrata* Roxb.	★		★		★	★		★	★
酢浆草科 Oxalidaceae										
酢浆草	*Oxalis corniculata* L.		★	★	★	★	★	★	★	★
商陆科 Phytolaccaceae										
美洲商陆	*Phytolacca Americana* L.		★	★						
车前科 Plantaginaceae										
车前	*Plantago asiatica* L.		★	★	★	★	★	★	★	★
蓼科 Polygonaceae										
金荞麦	*Fagopyrum dibotrys* (D.Don) Hara		★				★			
细柄野荞麦	*Fagopyrum gracilipes* (Hemsl.) Damm. ex Diels	★				★	★	★	★	
苦荞麦	*Fagopyrum tataricum* (L.) Gaertn.	★						★	★	
何首乌	*Fallopia multiflora* (Thunb.) Haraldson		★	★						
头花蓼	*Polygonum capitatum* Buch.-Ham. ex D.Don		★				★			
火炭母	*Polygonum chinense* L.		★				★			
水蓼	*Polygonum hydropiper* L.	★		★	★	★	★		★	★
蚕茧蓼	*Polygonum japonicum* Meisn.		★	★						
酸模叶蓼	*Polygonum lapathifolium* L.	★		★	★	★	★	★	★	★
绵毛酸模叶蓼	*Polygonum lapathifolium* L.var.*salicifolium* Sibth.	★		★		★	★			★
尼泊尔蓼	*Polygonum nepalense* Meisn.	★		★	★	★	★	★	★	
杠板归	*Polygonum perfoliatum* L.	★		★	★		★			
桃叶蓼	*Polygonum persicaria* L.	★					★			
腋花蓼	*Polygonum plebeium* R.Br.	★						★	★	
报春花科 Primulaceae										
过路黄	*Lysimachia christinate* Hance		★	★						

续表

中文名称	拉丁学名	一年生	多年生	分布范围						
				达州	广元	泸州	宜宾	攀枝花	凉山州	德阳
毛茛科 Ranunculaceae										
毛茛	*Ranunculus japonicus* Thunb.		★	★	★		★			★
石龙芮	*Ranunculus sceleratus* L.	★		★	★	★			★	
扬子毛茛	*Ranunculus sieboldii* Miq.		★	★	★	★	★	★	★	★
蔷薇科 Rosaceae										
蛇莓	*Duchesnea indica* (Andr.) Focke		★	★		★	★			
萎陵菜	*Potentilla chinensis* Ser.		★	★	★		★		★	
茜草科 Rubiaceae										
猪殃殃	*Galium aparine L. var.tenerum* (Gren.et Godr.) Rchb	★		★	★		★	★	★	★
茜草	*Rubia cordifolia* L.		★	★						
三白草科 Saururaceae										
蕺菜	*Houttuynia cordata*Thunb.		★		★		★			
玄参科 Scrophulariaceae										
泥花草	*Lindernia antipoda* (L.) Alston	★								★
宽叶母草	*Lindernia nummularifolia* (D.Don) Wettst.	★		★						
陌上菜	*Lindernia procumbens* (Krock.) Philcox	★		★			★		★	★
通泉草	*Mazus japonicus* （Thunb.) O. Kuntze	★		★		★	★	★	★	★
紫色翼萼	*Torenia violacea* (Azaola) Pennell	★		★						
婆婆纳	*Veronica didyma* Tenore	★		★	★	★	★			
阿拉伯婆婆纳	*Veronica persica* Poir.	★				★	★			
茄科 Solanaceae										
曼陀罗	*Datura stramonium* L.	★						★		
苦蘵	*Physalis angulata* L.		★	★				★		
龙葵	*Solanum nigrum* L.	★		★						
伞形科 Umbelliferae										
积雪草	*Centella asiataca* （L.）Urban		★				★			
毒芹	*Cicuta virosa* L.		★				★			
蛇床	*Cnidium monnieri* (L.) Cuss.	★					★			★
野胡萝卜	*Dancus carota* L.	★					★			
野茴香	*Foeniculum vulgare* Mill. var.		★				★			
天胡荽	*Hydrocotyle sibthorpioides* Lam.		★	★		★	★			★

续表

中文名称	拉丁学名	一年生	多年生	分布范围						
				达州	广元	泸州	宜宾	攀枝花	凉山州	德阳
水芹	*Oenanthe javanica* (Bl.) DC.		★	★	★		★			★
荨麻科 Urticaceae										
糯米团	*Memorialis hirta*(Bl.) Wedd.		★	★	★	★	★			
冷水花	*Pilea notata* C. H. Wright		★	★		★	★			
雾水葛	*Pouzolzia zeylanica* (L.) Benn.		★			★	★			
荨麻	*Urtica fissa* E. Pritz.		★				★			
马鞭草科 Verbansceae										
马鞭草	*Verbena officinalis* L.		★	★	★					
堇菜科 Violaceae										
犁头草	*Viola japonica* Langsd.		★	★	★	★	★	★		
葡萄科 Vitaceae										
乌蔹莓	*Cayratia japonica* (Thunb.) Gagnep.		★			★	★			
天南星科 Araceae										
半夏	*Pinellia ternate* (Thunb.) Breit.		★	★	★		★			
鸭跖草科 Commelinaceae										
饭包草	*Commelina benghalensis* L.		★	★			★	★		
鸭跖草	*Commelina communis* L.	★		★	★	★	★	★	★	★
水竹叶	*Murdannia triquetra* (Wall.) Bruckn.		★			★				
莎草科 Cyperaceae										
扁穗莎草	*Cyperus cpmpressus* L.	★		★			★			
砖子苗	*Cyperus cyperoides* (L.) Kuntze	★							★	
异型莎草	*Cyperus difformis* L.	★		★	★		★			★
褐穗莎草	*Cyperus fuscus* L.	★		★						
碎米莎草	*Cyperus iria* L.	★		★					★	★
旋鳞莎草	*Cyperus michelianus* (L.) Link	★					★			
香附子	*Cyperus rotundus* L.		★	★	★		★	★	★	★
荸荠	*Eleocharis dulcis* (Burm. f.) Trin.		★	★						
牛毛毡	*Eleocharis yokoscensis* (Fr.et Sav.) Tang et Wang		★	★			★			
两歧飘拂草	*Fimbristylis dichotoma* (L.) Vahl	★				★				
日照飘拂草	*Fimbristylis miliacea* (L.) Vahl	★		★		★				
水蜈蚣	*Kyllinga brevifolia* Rottb.		★	★						

续表

中文名称	拉丁学名	一年生	多年生	分布范围						
				达州	广元	泸州	宜宾	攀枝花	凉山州	德阳
禾本科 Gramineae										
看麦娘	*Alopecurus aequalis* Sobol.	★		★	★	★	★	★	★	★
日本看麦娘	*Alopecurus japonicus* Steud.	★		★			★			
荩草	*Arthraxon hispidus* (Thunb.) Makino	★		★	★	★	★			★
野燕麦	*Avena fatua* L.	★						★		
虎尾草	*Chloris virgata* Swartz	★							★	
狗牙根	*Cynodon dactylon* (L.) Pers.		★	★				★	★	★
马唐	*Digitaria sanguinalis* (L.) Scop.	★		★	★	★	★	★	★	★
光头稗	*Echinochloa colonum* (L.) Link	★		★	★	★	★	★	★	★
稗	*Echinochloa crusgalli* (L.) Beauv.	★					★			
无芒稗	*Echinochloa crusgalli* (L.) Beauv.var. *mitis* (Pursh) Peterm.	★		★	★	★	★	★	★	
旱稗	*Echinochloa hispidula* (Retz.) Nees	★							★	
牛筋草	*Eleusine indica* (L.) Gaertn.	★		★	★	★	★	★	★	★
小画眉草	*Eragrostis pilosa* (L.) Beauv.	★		★			★			
牛鞭草	*Hemarthria altissima* (Poir.) Stapf et C.E.Hubb.		★						★	
白茅	*Imperata cylindrica* (L.) Beauv.		★	★	★	★	★	★		
李氏禾	*Leersia hexandra* Swartz.		★				★			
虮子草	*Leptochloa panacea* (Retz.) Ohwi	★		★						
自生水稻	*Oryza sativa* L.	★							★	★
双穗雀稗	*Paspalum distichum* L.		★	★	★		★	★	★	
雀稗	*Paspalum thunbergii* Kunth		★	★	★					
早熟禾	*Poa annua* L.	★		★		★	★	★	★	★
棒头草	*Polypogon fugax* Nees ex Steud.	★		★	★		★	★	★	★
鹅冠草	*Roegmeria kamoji* Ohwi		★	★		★				
金色狗尾草	*Setaria glauca* (L.) Beauv.	★		★		★	★	★	★	
狗尾草	*Setaria viridis* (L.) Beauv.	★		★		★	★	★		★
鼠尾粟	*Sporobolus fertilis* (Steud.) W.D. Clayt.		★	★		★			★	
野生小麦	*Triticum aestivum* L.	★							★	
灯芯草科 Juncaceae										
小灯芯草	*Juncus articulatus* L.	★		★						

附录三 烟草项目发表的论文

烟田杂草防除研究进展

赵浩宇[1]，朱建义[1]，刘胜男[1]，周小刚[1*]，向金友[2]，杨兴有[3]

（1. 四川省农业科学院植物保护研究所 / 农业部西南作物有害生物综合治理重点实验室，四川成都 610066；2. 四川省烟草公司宜宾市分公司，四川宜宾 644000；3. 四川省烟草公司达州市分公司，四川达州 635000）

摘　要：烟草在我国已有超过 400 年的种植历史，是我国重要的经济作物。烟田杂草与烟草争光、争水、争肥，阻碍作物的生长，给烟草生产带来巨大的损失。本文针对烟田杂草的种类、分布以及防除研究的现状进行了综述，并讨论了烟田杂草综合防治中存在的问题以及今后的发展方向。

关键词：烟草；杂草；种类；分布；综合防治

Research Progress on Weed Control in Tobacco Field

ZHAO Hao-yu[1], ZHU Jian-yi[1], LIU Sheng-nan[1], ZHOU Xiao-gang[1*], XIANG Jin-you[2], YANG Xing-you[3]

(1. Key Laboratory of Integrated Pest Management on Crops in Southwest, Ministry of Agriculture, Institute of Plant Protection, Sichuan Academy of Agricultural Science, Chengdu 610066, China; 2. Yibin Branch Company, Sichuan Tobacco Corporation, Yibin 644000, China; 3. Dazhou Branch Company, Sichuan Tobacco Corporation, Dazhou 635000, China)

基金项目：四川省烟草公司科技项目【编号：川烟科（2013）4 号】。

主要作者简介：赵浩宇 (1986–)，男，博士，主要从事杂草及除草剂使用技术研究。E–mail: 541314621@qq.com。

* 通讯作者：周小刚，主要从事杂草及除草剂使用技术研究。E–mail: 1783147650@qq.com。

Abstract: Tobacco is an important economic crop in China, which has been planted for more than 400 years. Weeds hinder the growth of tobacco through the competition with crops for sunlight, soil moisture and nutrients, and hence cause enormous losses of tobacco production. Characteristic, distribution and control of weeds in tobacco field was summarized on this paper. Problems associated with integrated control and further developments were also discussed.

Keywords: tobacco; weeds; characteristic; distribution; integrated control

烟草（*Nicotiana tabacum*）是双子叶植物纲管花目茄科烟草属一年生草本植物，原产于美洲，于16世纪中叶经由菲律宾传入中国。烟草是我国重要的经济作物，在我国南北方均有种植，其种植面积达到2 000万亩，年均总产约6 000万担，是国家和地方财税的重要经济来源。2011年我国烟草行业累计实现工商税利7 529.56亿元，上缴国家财政6 001.18亿元，高踞各行业之首位，为国家建设和改善人民生活提供了巨额资金，在部分地区烟草种植已经成为当地的经济支柱。

杂草是指生长在有害于人类生存和活动场地的植物，一般指非栽培的、能够自然延续其种族的野生植物[1]。我国烟草种植地域广阔，良好的水热条件十分有利于杂草的滋生，几乎所有的旱地杂草都能在烟田生长繁衍。杂草具有较强的生长势，较高的繁殖系数，极强的适应能力，与烟草争夺光、水、肥、生长空间，通过其植株产生有毒分泌物质抑制作物生长，并传播病虫害，从而降低烟草品质，影响烟草产量。杂草的发生和危害已经成为我国烟草生产中的突出问题，亟待加以研究和解决。

杂草防除是烟草栽培的重要环节，我国传统的方法是利用人工犁耕手锄，近年来生产上多采用地膜覆盖、喷施除草剂及熏蒸灭草等方法。本文根据现有资料，针对我国烟田杂草的种类、分布、防除现状以及今后的发展趋势进行分析探讨，为建立高效的烟田杂草的综合防治体系提供参考。

1 烟田杂草的主要种类及其分布

我国烟田杂草种类繁多，生长量大，全年发生，给烟草生产带来极大的损失。综合烟田杂草种类研究的相关文献[2~21]，我国已报道的烟田杂草共有57科，360种。其中菊科最多，为61种；其次为禾本科，45种；其他主要烟田杂草依次为：蓼科，25种；豆科，19种；唇形科，18种；莎草科，13种；玄参科，12种；伞形科、大戟科和十字花科，各10种；苋科和茄科，各9种；藜科、石竹科和毛茛科，各8种；蔷薇科，7种。

根据杂草的出现频率、覆盖度和危害程度，我国烟田恶性杂草与主要杂草有20余种，如马唐 [*Digitaria sanguinalis* (L.) Scop.]、狗尾草 [*Setaria viridis* (L.) Beauv.]、旱稗 [*Echinochloa crusgalli* (L.) Beauv. var. *hispidula* (Retz.) Hack.]、酸模叶蓼（*Polygonum lapathifolium* L.）、繁缕 [*Stellaria media* (L.) Cyr.]、牛筋草 [*Eleusine indica* (L.) Gaertn]、尼泊尔蓼（*Polygonum nepalense* Meisn.）、猪殃殃 [*Galium aparine* L. var. *tenerum* (Gren.et Godr.) Rcbb.]、碎米莎草（*Cyperus iria* L.）、香附子（*Cyperus rotundus* L.）、铁苋菜（*Acalypha australis* L.）、牛繁缕 [*Myosoton aquaticum* (L.) Moench.]、鳢肠（*Eclipta prostrata* L.）、藜（*Chenopodium album* L.）、看麦娘（*Alopecurus aequalis* Sobol.）、牛膝菊（*Galinsoga parviflora* Cav.）、雀舌草（*Stellaria alsine* Grimm.）、无芒稗 [*Echinochloa crusgalli* (L.) Beauv. var. *mitis* (Pursh) Peterm.]、鸭跖草（*Commelina communis* L.）、狗牙根 [*Cynodon dactylon* (L.) Pers.] 等；危害较重的杂草超过40种，如早熟禾（*Poa annua* L.）、反枝苋（*Amaranthus retroflexus* L.）、小飞蓬 [*Conyza canadensis* (L.) Cronq.]、稗 [*Echinochloa crusgalli* (L.) Beauv.]、空心莲子草 [*Alternanthera philoxeroides* (Mart.) Griseb.]、一年蓬 [*Erigeron annuus* (L.) Pers.]、胜红蓟（*Ageratum conyzoides* L.）、三叶鬼针草（*Bidens pilosa* L.）、水蓼（*Polygonum hydropiper* L.）、马齿苋（*Portulaca oleracea* L.）、蚤缀（*Arenaria serpyllifolia* L.）、毛茛（*Ranunculus japonicus* Thunb.）、苍耳（*Xanthium sibiricum* Patrin.）、刺儿菜（*Cirsium segetum* Bge.）、天胡荽（*Hydrocotyle sibthorpioides* Lam.）、苦荞麦 [*Fagopyrum tataricum* (L.) Gaertn.]、异型莎草（*Cyperus difformis* L.）、列当（*Orobanche caerulescens* Steph.）、斑地锦（*Euphorbia supina* Raf.）、节节草（*Equisetum ramosissimum* Desf.）等。

我国幅员辽阔，各烟区地形地貌、气候等环境因素复杂，温、光、水、土等自然条件差异较大，形成的优势杂草群落也各不相同。西南烟区主要杂草群落有："马唐＋稗＋狗尾草＋尼泊尔蓼＋粗毛牛膝菊""马唐＋尼泊尔蓼＋香薷＋猪殃殃＋野燕麦""繁缕＋牛繁缕＋鸭跖草＋猪殃殃＋苦荞麦＋尼泊尔蓼＋垂盆草"等。东南烟区主要杂草群落有："马唐＋稗＋水蓼＋胜红蓟＋异型莎草""雀舌草＋看麦娘＋牛繁缕＋碎米荠""马唐＋旱稗＋碎米莎草＋水蓼""无芒稗＋鳢肠＋胜红蓟＋丛枝蓼＋鬼针草""马唐＋无芒稗＋狗尾草＋铁苋菜＋香附子"等。长江中上游烟区主要杂草群落有："马唐＋刺儿菜＋藜＋尼泊尔蓼＋苣荬菜""马唐＋鳢肠＋粟米草＋铁苋菜""马唐＋繁缕＋牛膝菊＋尼泊尔蓼＋铁苋菜"等。黄淮烟区主要杂草群落有："马唐＋鳢肠＋旱稗＋碎米莎草""马唐＋牛筋草＋铁苋菜＋马齿苋＋香附子""酸模叶蓼＋碎米莎草＋墨旱莲＋稗＋雀舌草""稗＋墨旱莲＋刺儿菜＋马齿苋""马唐＋狗尾草＋地梢瓜"等。东北烟区主要杂草群落有："马唐＋石胡荽＋异型莎草

+ 头状蓼 + 铁苋菜 + 鸭跖草”“铁苋菜 + 藜 + 马唐 + 异型莎草 + 稗”“列当 + 马唐 + 反枝苋 + 马齿苋 + 藜”“列当 + 反枝苋 + 藜 + 刺藜 + 虎尾草”等。

与农业病、虫、鼠害所造成的直接危害相比，农田杂草对作物的危害是与作物竞争养分、水分的长期行为，所造成的影响只有到作物收获时才能显出。据研究[2]，自移栽到采收结束，不除草烟田的烟株较人工除草烟田的烟株产量和产值分别减少 51.08kg/ 亩和 640.93 元 / 亩。周艳华等[22]调查发现，烤烟整个大田生育期不除草，杂草鲜重最高可达 4 258.53g/m^2，比人工除草处理高出 312.78 倍，同时烟株生长受到明显抑制，平均株高和叶面系数比人工除草处理减少 2.4cm 和 0.19，烟叶减产 25% 左右，每公顷产值下降 27% 以上。

2 烟田杂草的防除研究现状

2.1 物理防治

烟田杂草的物理防治主要有人工除草和地膜覆盖。人工除草作为一种传统的除草方法，费工、费时，劳动强度大，除草效率低下，但由于烟草作物的特殊性，其在我国各大烟区仍是主要除草手段之一。地膜化栽培已经广泛应用于烟草种植行业，常规无色薄膜覆盖能起到保湿、增温的作用，并且能抑制部分烟田杂草的生长，但对单子叶杂草的防效较差。近年来许多科研院所和相关烟草公司对有色薄膜在烟田中的应用进行了研究，李应金等[23]采用无色、绿色、黑色三种地膜进行烟田除草试验，结果显示黑色薄膜的杂草防效最佳，盖膜 40d 后对单子叶杂草和双子叶杂草的鲜重防效分别达到 97.2% 和 60.8%，且黑色薄膜提高地温的效果最为显著。徐茜等[24]考察了无色膜、银灰膜和配色膜（中间部分透明，两边部分黑色）对烟田杂草的控制效果，发现配色膜对总体杂草鲜重的防效最好，并且能在一定程度上提高烟叶的质量。

2.2 农业及生态防治

2.2.1 农业防治

农业防治是杂草防除工作的首要一环，具有成本低、易操作、无污染等优点。烟田杂草的农业防治主要包括以下几点：加强杂草检疫，从源头上杜绝外来恶性杂草进入烟田；通过深耕、中耕等农事操作控制不同时期的杂草，将已出苗的杂草翻入土中，破坏多年生杂草的地下营养器官，使其不能再生，减轻危害；定期清除田边、地头杂草，防止其向烟田蔓延。农业防治是控制烟田杂草的有效方法，但难以从根本上解决杂草的侵害。

2.2.2 生态防治

目前杂草的生态防治主要是利用化感作用的轮作、间（套）作以及开发以化感物质为结构基础的新型除草剂。自 20 世纪 70 年代开始，研究者们相继发现豇豆（*Vigna unguiculata*）、绿豆（*Vigna radiata*）、高粱（*Sorghum vulgare*）、印度麻（*Crotalaria juncea*）等作物能够产生诱导列当种子萌发的化学物质，但这些作物本身并不会被列当寄生 [25~27]，萌发的列当幼芽因为缺乏寄主植物而大量死去。Dhanapal 等 [28] 以这些作物为诱饵作物，在本地烟区与烟草实施轮作（烟草 – 诱饵作物 – 烟草），结果显示烟田列当的种群数量大幅减少，其中烟草—印度麻轮作对列当的防效最佳，达到 83%。目前国内对作物化感作用的研究已经取得了一定进展，但多限于水稻、小麦、玉米、大豆、黑麦等作物，今后应加强烟草化感，特别是烟田杂草化感防治方面的研究，以求建立合理的种植制度，构建良性烟田生态系统，促进烟草生产的可持续发展。

2. 3 化学防治

化学防治是利用化学药剂（除草剂）有效治理杂草的方法，具有节省劳力、除草及时、经济效益高等特点，是现代化农业的主要标志之一 [1]。烟草是以收获叶片为目的的经济作物，对除草剂使用的要求非常严格，导致烟田除草剂发展相对缓慢。根据中国农药信息网的资料，截至 2013 年 7 月，我国登记的在效期内的烟田除草剂产品共有 28 个，包括 8 种有效成分，分别为：敌草胺、异噁・异丙甲、仲灵・异噁松、二甲戊灵、威百亩、砜嘧磺隆、精异丙甲草胺、异丙甲草胺，其中又以土壤处理剂为主，移栽后茎叶喷雾处理的除草剂只有砜嘧磺隆一种。

2.3.1 土壤处理

用于烟田土壤处理的除草剂主要有敌草胺、异噁松・仲灵、异丙甲草胺、精异丙甲草胺、甲草胺、二甲戊灵、异噁草酮、草乃敌、斯美地、氯化苦等 [29~42]。芽前土壤处理是目前我国烟田杂草化学防治的主要方式，但由于烟草生长期长，杂草种子萌发时间、生长期存在差异，许多杂草全年反复发生，往往导致后期杂草防除效果不理想。

50% 敌草胺可湿性粉剂（大惠利）：在烟苗移栽前或移栽后苗前，用 50% 敌草胺可湿性粉剂 1 500~3 900g/hm^2 进行土壤处理。大惠利对已出土杂草的防除效果差，应早施药，并保证土壤湿度，以提高防效。大惠利能杀死多种单子叶和双子叶杂草，但对由地下茎发生的多年生杂草无效。

40% 异噁松・仲灵乳油（烟舒）：烟苗移栽前或移栽后苗前，用 40% 异噁

松 · 仲灵乳油 2 625mL/hm^2 进行土壤处理。烟舒活性高，杀草谱广，是中国烟草公司推荐使用的除草剂，对单子叶和双子叶杂草防效均在 90% 以上。

72% 异丙甲草胺乳油（大田净）：烟苗移栽前或移栽后苗前，用 72% 异丙甲草胺乳油 1 800mL/hm^2 进行土壤处理。大田净对禾本科杂草的防治效果较为显著，也能杀死一些阔叶杂草。

96% 精异丙甲草胺乳油（金都尔）：烟苗移栽前或移栽后苗前，用 96% 精异丙甲草胺乳油 675~900mL/hm^2 进行土壤表面喷雾处理。干旱条件下不利于药效发挥，最好是在降雨或灌溉前施用。金都尔活性高，选择性强，对一年生禾本科杂草防效可达 90% 以上，也可防除马齿苋、藜等阔叶杂草。

48% 甲草胺乳油：烟苗移栽前或移栽后苗前，用 48% 甲草胺乳油 7 500mL/hm^2 进行土壤处理。甲草胺对禾本科杂草效果较好，对后茬作物安全。

33% 二甲戊灵乳油：烟苗移栽前或移栽后苗前，用 33% 二甲戊灵乳油 2 250mL/hm^2 进行土壤处理。二甲戊灵主要用于防除一年生禾本科杂草及种子繁殖的多年生禾本科杂草，可在较干旱的土壤环境下使用。

36% 异噁草酮微囊悬浮剂（广灭灵）：烟苗移栽前或移栽后苗前，用 36% 异噁草酮微囊悬浮剂 900mL/hm^2 进行土壤处理。广灭灵在土壤中持续时间较长，除草效果好，主要用于防除一年生禾本科杂草及部分双子叶杂草。

90% 双苯酰草胺可湿性粉剂（草乃敌）：烟苗移栽前或移栽后苗前，用 90% 双苯酰草胺可湿性粉剂 4 500~6 000g/hm^2 进行土壤处理，在覆盖地膜的烟田上使用草乃敌，因保温保湿除草效果更好。草乃敌对禾本科杂草效果较好，对阔叶草防效差。小麦对草乃敌敏感，应避免在烟 – 麦轮作田中使用。

32.7% 斯美地水剂（威百亩）：苗床整理好后，用 32.7% 斯美地水剂 50g/m^2 均匀喷洒在苗床上，让土层湿润 3cm 以上，立即盖膜，10d 后揭膜松土，使残留药气充分挥发 5~7 d 后，整平土壤播种。烟草苗床长期以来一直使用溴甲烷进行土壤熏蒸消毒，近年来，溴甲烷对臭氧层的破坏引起了人们的高度重视 [43]，联合国环境保护组织（UNEP）已将溴甲烷列为控制物，2015 年后将禁止使用。作为溴甲烷的替代药剂，威百亩对烟草苗床杂草有很好的防除效果，播种 40d 后杂草总体防效超过 95%，并对烟苗安全性高。

99% 氯化苦原液：苗床整理好后，用 99% 氯化苦原液 30~50mL/m^2 注射处理，盖膜熏蒸 10d 后揭膜晾晒 5d 再播种。氯化苦对苗床杂草反枝苋、马齿苋、香附子等有显著的防效，但对牛筋草无效。该熏蒸剂在土壤中基本无残留，并对烟草黑胫病、线虫有一定的控制效果，同时能够改善烟株的生物学性状。

2.3.2 茎叶喷雾处理

目前用于烟田杂草茎叶处理的主要有砜嘧磺隆，以及高效氟吡甲禾灵、吡氟禾草灵、精噁唑禾草灵等芳氧基苯氧基丙酸类除草剂，该类除草剂虽然不是国家登记的烟田除草剂，但因其具有高度的选择性，对阔叶作物安全，因此在烟田杂草防除中使用较为广泛[29~31, 44]。茎叶喷雾处理除草剂使用灵活，可对应不同时期杂草生长情况进行施药，但我国这类除草剂品种较少，对一些恶性杂草，如鸭跖草的防除效果仍不理想。

25% 砜嘧磺隆干悬浮剂（宝成）：于烟田杂草基本出齐后，于杂草 3~5 叶期用 25% 砜嘧磺隆干悬浮剂以 75g/hm^2 用量均匀喷施于烟沟杂草茎叶上。宝成的活性很高，对单子叶和双子叶杂草防效均比较显著，并对大部分作物安全。

10.8% 高效氟吡甲禾灵乳油（高效盖草能）：在一年生禾本科杂草 3~5 叶期，烟苗移栽后 15~30d，用 10.8% 高效氟吡甲禾灵乳油 750mL/hm^2，加水 600~750kg/hm^2 配成药液，均匀喷施于杂草茎叶上。此类除草剂可有效地防除马唐、稗、狗牙根、野燕麦、早熟禾等禾本科杂草，对阔叶草和莎草无效。

35% 吡氟禾草灵（稳杀得）/15% 精吡氟禾草灵（精稳杀得）：在一年生禾本科杂草 3~5 叶期，用 35% 稳杀得或 15% 精稳杀得乳油 1 125 mL/hm^2，加水 600~750kg/hm^2 配成药液，均匀喷于杂草茎叶，对大多数禾本科杂草的防效超过 95%。

6.9% 精噁唑禾草灵水乳剂（威霸）：在一年生禾本科杂草 3~5 叶期，用 6.9% 精噁唑禾草灵水乳剂以 750~1 050mL/hm^2 用量均匀喷施于杂草茎叶上。施药时需注意风速、风向，避免药液飘逸到玉米、水稻等禾本科作物田造成药害。

2.3.3 行间喷雾处理

对烟田行间喷雾处理的除草剂主要有百草枯、草铵膦等灭生性除草剂[3]。一般于烟田杂草基本出齐后，在杂草 3~5 叶期用 20% 百草枯水剂 2 250~3 000g/hm^2 或 41% 草甘膦异丙铵盐水剂 1 200g/hm^2 进行行间保护性施药。该方法防除效果显著，但施药时应选择在无风、无雨的天气进行，压低喷头作定向喷雾，注意防止药液漂移到烟叶上发生药害。

2.4 生物防治

生物除草剂为杂草防治开辟了经济、无环境污染和可持续发展的新途径[45, 46]，自 20 世纪 80 年代以来，全世界已经成功开发的生物除草剂产品超过 20 种，已商业化的生物除草剂有 10 余种[47]。目前由于生物除草剂产品自身的局限性以及生态、安全性等问题，生物防治在杂草防除技术体系中所占的比重很低，市场规模仍然有限，但是利用生物或其天然产物作为除草剂已经成为该领域的研究热点，将生物防治、基因工程技术育种与化学防治相结合，逐步控制化学除草剂的使用，是当前以及未来很长一段时间内除草技术发展的主流方向。根据利用生物种类的不同，烟田杂草的生物防治可以分为以虫治草和以菌治草。

2.4.1 以虫治草

以虫治草是指利用某些能专一性取食某种（类）杂草的昆虫来防治特定杂草的方法，该方法在世界各国已得到广泛的重视，取得了不少生防成果。近年来国内一些研究者对昆虫除草在烟田杂草防治的应用进行了一定的探索。陈乾锦等[48, 49]对福建省主要烟区的烟田食草昆虫展开了系统调查，共发现食草昆虫 57 种，其中蓼蓝齿胫叶甲 [*Gastrophysa atrocyanea*（Motschulsky）] 对蓼科杂草有良好的防除效果，该昆虫仅取食蓼科的蓼属和酸模属杂草，对烟草及其他作物安全。林智慧等[50]利用褐背小萤叶甲 [*Galerucella grisescens*（Joannis）] 对烟田蓼科杂草酸模叶蓼进行防治试验，结果显示其幼虫对酸模叶蓼幼苗期（4 叶片 / 株）的控制效果较强，每株投放一龄幼虫 3 头，10d 后防效达到 91.2%；成虫对酸模叶蓼（10 叶片 / 株）的控制效果更为显著，投放密度达到 5 头 / 株时，10d 防效可达 91.3%。该虫繁殖能力强，食性专一，是控制烟田蓼科杂草的理想选择。空心莲子草是我国四川省宜宾、泸州、达州等地烟区的主要烟田杂草之一，危害十分严重，我国于 1987 年从美国引入空心莲子草直胸跳甲（*Agasicles hygrophila*）作为生防昆虫，先后在湖南、重庆、江西等地建立种群繁殖基地，目前已在湖南、浙江等地释放，控草效果非常显著[51, 52]，该方法在烟田空心莲子草的防除上有一定的应用前景。

2.4.2 以菌治草

以菌治草是指利用某些能使杂草严重感染，影响其生长发育、繁殖的病原微生物进行杂草的防除。20 世纪 80~90 年代，国外许多研究者从根寄生杂草列当中分离出一系列致死性的病原真菌镰刀菌（*Fusarium* spp.）[53~56]，Bozoukov 和 Kouzmanova[54]利用砖红镰刀菌（*Fusarium lateritium*）防治烟草列当，其防效可达 62%~68%，且控制效果持久；Nanni 等[57]发现尖孢镰刀菌（*Fusarium oxysporum*）对烟草列当的寄生率高达 81%~97%，受侵染植株均出现不同程度的病害，多数整株坏死，而烟草几乎不受影响。近年来国内也相继开展了利用病原微生物防除烟田杂草的研究。陈乾锦等[58]于福建省主要烟区的烟田杂草上分离并鉴定了斑种草油壶菌（*Olpidium bothriospermi* Saw.）、三叶草油壶菌（*Olpidium trifolii* Schrot.）、藜尾壶菌（*Urophlyctis pulposa* Wallr.）等 37 种病原真菌，其寄主包括马唐、狗尾草、稗、藜等烟田恶性杂草。时焦、张峻铨等[59, 60]从小蓟上采集得到蓟柄锈菌（*Puccinia obtegens*），并进行了遗传多态性的 RAPD 分析，该真菌能够侵染当地烟田主要杂草小蓟，使染病植株矮化，不能正常开花结籽，重者死亡。吴元华等[61]利用自主分离纯化的镰刀菌进行烟田列当的防治试验，通过穴施生防菌，并在列当寄生前期分 3 次向土壤中喷施生防菌的综合处理，生防菌对列当的寄生率为 31.20%，对列当的防效达到 62.44%。

2. 5　基因工程技术防治

基因工程技术是以现代生命科学为基础，将特定的功能基因导入整合到目标生物体的基因组中，并实现其应有的生物学功能。基因工程技术在烟田杂草防除上的应用主要包括抗除草剂育种和生化化感育种。

2.5.1　抗除草剂育种

自 1983 年第一例抗草甘膦转基因烟草问世以来，抗除草剂转基因作物的研究和应用得到了飞速发展，转基因作物的种植面积一直在世界范围内持续增加[62, 63]。我国抗除草剂转基因烟草的研究还只在实验室基础研究阶段，虽然已经取得一些成果，但是还没有实现商品化应用。谢龙旭等[64]构建了含草甘膦抗性突变基因 *aroAM12* 的植物表达载体 *pCM12_s1m*，通过农杆菌介导将其转化到烟草中，得到的转基因植株对草甘膦的抗性较对照植株提高了 50~60 倍。刘锡娟等 [65] 将从抗草甘膦的荧光假单胞菌（*Pseudoraonas fluorescens*）*G2* 中克隆并按双子叶植物偏爱密码子改造的 5– 烯醇式丙酮酰莽草酸 –3– 磷酸合酶（EPSPS）基因 *aroAG2M* 整合到烟草基因组中获得转基因植株，以不同浓度的草甘膦异丙胺盐涂抹转基因和非转基因植株 6~8 叶龄苗的叶片，结果表明转基因植株可以耐受 0.4% 浓度的草甘膦，而对照植株在草甘膦浓度达到 0.2% 时即死亡。黄丽华等[66]构建了葱属植物薤白（*Allium macrostemon*）中与草甘膦抗性相关的 EPSP 合成酶基因（*EPSPsA*）的 cDNA 植物表达载体，并通过叶圆盘法转化烟草，得到的转基因植株对草甘膦的抗性明显增强，草甘膦喷施试验结果显示转基因植株在喷施浓度不高于 1 000mg/L 的草甘膦后仍能正常生长，而对照植株在 200mg/L 浓度时生长就已经受到明显抑制。

2.5.2　生化化感育种

自然界许多植物和昆虫都能够产生对杂草有抑制作用的化合物，如果能将编码这些化合物的基因引入到烟草中，就能培育出在田间条件下自动抑制杂草生长的新品种，人为实现作物的化感治草。国外许多学者对烟草抗列当的生化化感育种进行了长时间的研究，1991 年 Nakajima 等 [67] 发现棕尾别麻蝇（*Sarcophaga peregrina*）能够产生一种抗菌肽 Sarcotoxin IA，研究者们将编码这种多肽的基因导入到烟草中得到抗菌转基因烟草，却发现列当对这种烟草的寄生率明显低于正常植株 [68, 69]；Hamamouch 等 [70] 将该基因整合到烟草基因组的列当诱导型启动子序列中，当列当与植株根部接触时就会诱导这种多肽的产生，田间试验的结果显示，列当寄生到这种转基因烟草根部后无法正常生长，死亡率显著提高。目前国内还少有对烟草生化化感育种的报道，张松焕等 [71] 构建了紫金泽兰化感作用相关基因 *F3'H* 的表达载体，将其导入烟草内，并对该基因部分功能及在次生代谢中的作用进行了研究，为烟田紫金泽兰的防治提供了一定的理论依据。

3 烟田杂草综合防治的探讨与展望

烟草生产的无公害是行业发展的必然趋势，在烟田杂草防治中应注重利用自然力量和先进技术，减少药物污染，保护生态环境。为实现对人工环境无公害的综合防治，还需大力加强以下几方面工作：第一，建立杂草监测点，加强区域性杂草种群动态变化的系统监测，掌握烟田杂草种群演替规律，并开展抗药性监测，为安全使用除草剂和治理决策提供科学依据。第二，加强化学除草剂的技术研究，不断研制高活性、无毒、低残留的新型除草剂，严格限制长残留除草剂的使用，根据草情，合理选用除草剂，并科学轮用、混用，以扩大杀草谱，提高防效，延缓抗药性的产生。第三，大力组织和开展除草剂科学安全使用技术培训，宣传、普及化学除草知识，推广先进施药器械和喷施技术，积极示范推广化学除草配套技术，让从业人员正确、安全地使用化学除草剂。第四，创造条件，积极推动生物除草剂的创制，深入研究以基因工程为核心的新型防治技术，开展生物防治和生态防治。

化学防治因其高效性和巨大的经济效益，在今后很长一段时间内仍将是杂草防除领域的核心力量，当前形势下烟田杂草的防治应严格遵循“预防为主，综合防治，环境友好”的植保方针，及时准确地把握杂草田间动态，以正确的理论导向和先进的防除技术为推动，建立以化学防治为主，农业管理、物理、生物、生态防治相结合的烟田杂草综合防治技术。

参考文献

[1] 强胜 . 杂草学 [M]. 北京 : 中国农业出版社 , 2001. 1–5, 234–236.

[2] 胡坚 . 云南烟田杂草的种类及防控技术 [J]. 杂草科学 , 2006, 3: 14–17.

[3] 阙劲松 , 赵国晶 , 徐云 , 等 . 昆明烟区烟田杂草的主要种类与防除技术 [J]. 云南农业科技 , 2009, 6: 49–52.

[4] 徐爽，崔丽，晏升禄，等．贵州省烟田杂草的发生与分布现状调查 [J]. 江西农业学报，2012, 24（2）: 67–70.
[5] 李祖任，徐爽，廖海民，等．贵州省烟田杂草优势种调查 [J]. 杂草科学，2012, 30（3）: 32–36.
[6] 孙光军，序海民，王济湘，等．贵州铜仁地区烟田杂草初步名录 [J]. 杂草科学，1998, 3: 11–16.
[7] 张霓．贵州烟田杂草的种类及防除试验 [J]. 贵州农业科学，2004, 32（3）: 54–55.
[8] 官宝斌，林海，白万明，等．东南烟区大田杂草种类及分布 [J]. 福建农业科技，1999, 4: 8–9.
[9] 罗战勇，李淑玲，谭铭喜．广东省烟田杂草的发生与分布现状调查 [J]. 广东农业科学，2007, 5: 59–63.
[10] 韩云，殷艳华，王丽晶，等．广东烟田主要杂草类型与不同轮作方式杂草种类调查 [J]. 广东农业科学，2011, 21: 76–81.
[11] 余纯强，邓海滨，蒋秀玲．南雄市烟田杂草种类及危害状况调查研究 [J]. 现代农业科技，2011，23: 217–218.
[12] 梁美萍，严叔平，许锡明，等．三明市烟田杂草普查总结 [J]. 中国烟草，1991，2: 42–45.
[13] 张超群，陈荣华，冯小虎，等．江西省烟田杂草种类与分布调查 [J]. 江西农业学报，2012，24（6）: 80–82.
[14] 李锡宏，李儒海，褚世海，等．湖北省十堰市烟田杂草的种类与分布 [J]. 中国烟草科学，2012，33（4）: 55–58.
[15] 李儒海，褚世海，郭利，等．襄阳市烟田杂草种类与分布 [J]. 湖北农业科学，2012，51（19）: 4262–4265.
[16] 吴振海，成巨龙，安德荣，等．陕西烟田杂草初步调查 [J]. 北方园艺，2013，13: 45–49.
[17] 李树美，王东胜．安徽省东至县烟田杂草的调查 [J]. 杂草科学，1995，1: 16，24–25.
[18] 李树美．皖西北烟区烟田杂草的分布与防除 [J]. 安徽农业科学，1995，23（3）: 261–262.
[19] 李树美．安徽省烟田杂草的分布与危害 [J]. 中国烟草学报，1997，3（4）: 60–66.
[20] 招启柏，薛光，赵小青，等．江苏省烟田杂草发生及危害状况初报 [J]. 江苏农业科学，1998，1: 43–45.
[21] 杨蕾，吴元华，贝纳新，等．辽宁省烟田杂草种类、分布与危害程度调查 [J]. 烟草科技，2011，5: 80–84.
[22] 周艳华，余清．烟地杂草对烤烟产量产值损失研究 [J]. 云南农业科技，2007，4: 25–27.
[23] 李应金，杨雪彪，王兴德，等．3 种除草膜防除烟田杂草试验 [J]. 烟草科技，2005，1: 41–44.
[24] 徐茜，黄端启，周泽启，等．不同类型地膜覆盖对烟田杂草控制效果 [J]. 杂草科学，2000，4: 33–35.
[25] Abu-Shakra S, Miah A A, Saghir A R. Germination of seed of branched broomrape（*Orobanche ramosa* L.）[J]. Horticultural Research，1970，10（2）: 119–124.

[26]Krishnamurthya G V G，Chandwania G H. Effect of various crops on the germinanon of Orobanche seeds [J]. PANS，1975，21（1）: 64–66.
[27]Dhanapal G N，Struik P C，Udayakumar M，et al. Management of broomrape（*Orobanche* spp.）: A review [J]. Journal of Agronomy and Crop Science，1996，176（5）: 335–359.
[28]Dhanapal G N，Struik P C. Broomrape control in a cropping system containing Bidi tobacco [J]. Journal of Agronomy and Crop Science，1996，177（4）: 225–236.
[29] 周艳华，余清 . 六种除草剂防除烟地杂草效果评价 [J]. 农药，2006，45（1）: 49–51.
[30] 王芳 . 不同除草剂对烟田杂草防除效果的研究 [J]. 安徽农业科学，2008，36（14）: 5937，6062.
[31] 叶照春，陆德清，何永福 . 烟田杂草出苗特点及化学防除药剂筛选 [J]. 贵州农业科学，2011，39（12）: 145–150.
[32] 谷美玲，郭芳军，谭军 . 除草剂“大田净”防除烟田杂草的效果 [J]. 亚热带植物科学，2008，37（1）: 54–56.
[33] 殷秀东 . 烟田杂草化学防除技术研究初探 [J]. 安徽农学通报，2008，14（18）: 47–48.
[34] 范传林 . 96% 金都尔防治烟田杂草效果初报 [J]. 福建农业科技，2005，4: 33.
[35] 张付斗，刘礼莉，郭怡卿 . 云南烟区杂草化学防除技术 [J]. 农药，2003，42（5）: 33–35.
[36] 胡坚 . 烟田杂草的危害及防治技术 [J]. 现代农业科技，2006，9: 83–84.
[37] 李应金，陈惠明，胡坚，等 . 烟田杂草防除试验研究 [J]. 西南农业大学学报（自然科学版），2003，25（5）: 425–427.
[38] 罗军玲，周本国，何厚民 . 不同土壤熏蒸剂防除烟草苗床杂草的药效试验 [J]. 安徽农业科学，2002，30（2）: 289–290.
[39] 陈德鑫，王凤龙，钱玉梅，等 . 几种土壤熏蒸剂防除烟草苗床杂草的药效试验 [J]. 烟草科技，2004，12: 30–32.
[40] 周本国，高正良，雷艳丽，等 . 不同土壤消毒剂防除烟草苗床杂草试验 [J]. 安徽农业科学，2006，34（11）: 2435，2492.
[41]Covarelli L，Pannacci E，Beccari G，et al. Two–year investigations on the integrated control of weeds and root parasites in Virginia bright tobacco（*Nicotiana tabacum* L.）in central Italy [J]. Crop Protection，2010，29（8）: 783–788.
[42] 王海涛，陈玉国，王省伟，等 . 氯化苦土壤熏蒸防治烟田杂草及土传病害效果研究 [J]. 中国农学通报，2010，26（4）:244–248.
[43]Salomon S. Stratospheric ozone depletion: a review of concepts and history [J]. Reviews of Geophysics，1999，37（3）: 275–316.
[44] 张树明 . 砜嘧磺隆 25% 水分散粒剂防除烟草田一年生杂草田间药效试验 [J]. 农药科学与管理，2011，32（4）: 50–51.
[45]Jutsum A R，Franz J M，Deacon J W，et al. Commercial application of biological control: status

and prospects [J]. Philosophical Transactions of the Royal Society，1988，318（1189）: 357–373.

[46]Templeton G E，Smith R J Jr，TeBeest D O. Progress and potential of weed control with mycoherbicides [J]. Reviews of Weed Science，1986，2: 1–14.

[47] 强胜，陈世国 . 生物除草剂研发现状及其面临的机遇与挑战 [J]. 杂草科学，2011，29（1）: 1–6.

[48] 陈乾锦，陈家骅，张玉珍 . 福建省烟田食草昆虫调查 [J]. 华东昆虫学报，2000，9（2）:67–71.

[49] 陈乾锦，杨建全，官宝斌，等 . 蓼蓝齿胫叶甲的生物学特性 [J]. 福建农业大学学报，2000，29（增刊）: 61–64.

[50] 林智慧，杨建全，赖禄祥，等 . 烟田蓼科杂草的重要天敌 – 褐背小萤叶甲对酸模叶蓼的控制效果研究 [J]. 中国烟草学报，2006，12（2）: 34–37.

[51] 陈燕芳，郭文明，丁吉林，等 . 空心莲子草生物防除研究进展 [J]. 杂草科学，2008，1:12.

[52] 许方程，刘福明，李芳芳，等 . 莲草直胸跳甲田间释放控制空心莲子草效果初报 [A]. 植物保护与农产品质量安全论文集 [C]. 中国农业科学技术出版社，2008: 66–69.

[53]Mazaheri A，Moazami N，Vaziri M，et al. Investigations on Fusarium oxysporum a possible biological control agent of broomrape（*Orobanche* spp.）[A]. Proceedings of the 5th international symposium of parasitic weeds，Nairobi，Kenya，24–30 June 1991: 93–95.

[54]Bozoukov H，Kouzmanova I. Biological control of tobacco broomrape（*Orobanche* spp.）by means of some fungi of the genus Fusarium [A]. Biology and management of Orobanche. Proceedings of the third international workshop on Orobanche and related Striga research，Amsterdam，Netherlands，8–12 November 1993: 534–538.

[55]Thomas H，Sauerborn J，M ü ller–St ver D，et al. Fungi of Orobanche aegyptiaca in Nepal with potential as biological control agents [J]. Biological Science and Technology，1999，9（3）: 379–381.

[56]Amsellem Z，Kleifeld Y，Kerenyi Z，et al. Isolation，identification and activity of mycoherbicidal pathogens from juvenile broomrape plants [J]. Biological Control，2001，21（3）: 274–284.

[57]Nanni B，Ragozzino E，Marziano F. Fusarium rot of Orobanche ramosa parasitizing tobacco in southern Italy [J]. Phytopathologia Mediterranea，2005，44（2）: 203–207.

[58] 陈乾锦，林智慧，曾强，等 . 东南烟区烟田杂草致病真菌调查 [J]. 江西农业大学学报，2004，26（2）: 282–285.

[59] 时焦，徐宜民，孙惠青，等 . 锈菌对烟田杂草小蓟的侵染与为害 [J]. 中国烟草科学，2006，2: 23–25.

[60] 张峻铨，时焦，韦建玉，等 . 烟田杂草小蓟锈病菌遗传多态性的 RAPD 分析 [J]. 中国烟草科学，2012，33（3）: 63–67.

[61] 吴元华，宁繁华，刘晓琳，等 . 生防镰刀菌（Fusarium sp.）对烟草列当的防效 [J]. 病虫害防治，2011，10: 78–80.

[62]Clive James. 2007 年全球转基因作物商业化发展态势 [J]. 中国生物工程杂志 . 2008，28

（2）: 1–10.
[63]Robert F. A growing threat down on the farm [J]. Science，2007，316（5828）: 1114–1117.
[64] 谢龙旭，徐培林，聂燕芳，等 . 抗草甘膦抗虫植物表达载体的构建及其转基因烟草的分析 [J]. 生物工程学报，2003，19（5）: 545–550.
[65] 刘锡娟，刘昱辉，王志兴，等 . 转 5– 烯醇式丙酮酰莽草酸 –3– 磷酸合酶（EPSPS）基因抗草甘膦烟草和棉花的获得 [J]. 农业生物技术学报，2007，15（6）: 958–963.
[66] 黄丽华，蒋向，李博，等 . 薤白 EPSP 合成酶基因转化烟草提高其草甘膦抗性 [J]. 作物学报，2009，35（5）: 855–860.
[67]Nakajima Y，Qu X M，Natori S. Interaction between liposomes and sarcotoxin IA，a potent antibacterial protein of *Sarcophaga peregrina*（flesh fly）[J]. The Journal of Biological Chemistry，1987，262（4）: 1665 - 1669.
[68]Yamamoto Y T，Taylor C G，Acedo G N，et al. Characterization of cis–acting sequences regulating root–specific gene expression in tobacco [J]. Plant Cell，1991，3（4）: 371 - 382.
[69]Westwood J H，Yu X，Foy C L，et al. Expression of a defense–related 3–hydroxy–3–methylglutaryl CoA reductase gene in response to parasitization by *Orobanche* spp. [J]. Molecular Plant–Microbe Interactions，1998，11（6）: 530 - 536.
[70]Hamamouch N，Westwood J H，Banner I，et al. A peptide from insects protects transgenic tobacco from a parasitic weed [J]. Transgenic Research，2005，14（3）: 227–236.
[71] 张松焕，郭惠明，裴熙祥，等 . 紫茎泽兰类黄酮 3’ – 羟化酶在烟草中的表达 [J]. 中国农业科学，2009，42（12）: 4182–4186.

（原文发表于《杂草科学》，2013，31（3）:1–7. ）

四川省烟田杂草种类及群落特征

赵浩宇[1]，李斌[2]，向金友[3]，杨兴有[4]，朱建义[1]，刘胜男[1]，周小刚[1*]

（1. 四川省农业科学院植物保护研究所/农业部西南作物有害生物综合治理重点实验室，四川成都 610066；2. 中国烟草总公司四川省公司，四川成都 610041；3. 四川省烟草公司宜宾市公司，四川宜宾 644002；4. 四川省烟草公司达州市公司，四川达州 635000）

摘 要：为明确四川省烟田杂草的种类、分布和危害情况，采用倒置“W”九点取样法对四川省主要植烟区289块烟田的杂草进行了调查。结果表明，四川省烟田杂草共有41科135属201种，其中优势杂草为马唐、尼泊尔蓼、空心莲子草、光头稗和辣子草5种，区域性优势杂草为鸭跖草、小藜、双穗雀稗、绵毛酸模叶蓼、马兰、野燕麦6种，常见杂草24种，一般杂草166种。对杂草群落的物种多样性进行测度，宜宾、达州烟区烟田杂草群落的物种丰富度最高，Gleason指数和多样性指数(Shannon-Wiener)最大，草种分布较为均匀；凉山彝族自治州（以下简称凉山州）烟区、攀枝花烟区烟田杂草群落的Gleason指数、Shannon-Wiener指数和均匀度指数(Pielou)均最小，但优势度指数(Simpson)最大，优势草种比较突出。聚类分析结果显示，四川烟田杂草群落可分为宜宾—泸州—广元—达州、凉山州—攀枝花和德阳3个类群，地理、气候条件以及除草措施的不同可能是导致烟田杂草群落结构差异的主要原因。

关键词：四川；烟田；杂草；群落；多样性；聚类分析

中图分类号：TS441 **文献标志码**：A **文章编号**：DOI：10.16135/j.issn1002－0861.2016

Weed communities and distribution characteristics in tobacco fields in Sichuan province

ZHAO Haoyu[1]，LI Bin[2]，XIANG Jinyou[3]，YANG Xingyou[4]，ZHU Jianyi[1]，LIU Shengnan[1]，ZHOU Xiaogang[1*]

1. Key Laboratory of Integrated Pest Management on Crops in Southwest, Ministry of Agriculture, Institute of Plant Protection, Sichuan Academy of Agricultural Science, Chengdu 610066, China；2. Sichuan Tobacco Corporation, Chengdu 610041, China；3. Yibin Branch Company, Sichuan Tobacco Corporation, Yibin 644002, China；4. Dazhou Branch Company, Sichuan Tobacco Corporation, Dazhou 635000, China

---

基金项目：四川省烟草专卖局科技项目“四川省烟田杂草的调查、演替规律及综合治理研究”［川烟科（2013）4号］。

主要作者简介：赵浩宇(1986—)，博士，助理研究员，主要从事植物保护研究。E-mail: zigzagipp@hotmail.com;

*通讯作者：周小刚，E-mail: weed1970@aliyun.com

Abstract: An investigation was carried out by inverted "W" 9-point sampling method to study the species, distribution characteristics and damage of weeds in 289 tobacco fields in Sichuan province. The results showed that there were 201 weed species belong to 135 genera of 41 families. Of them, 5 species were considered as dominant weeds, including *Digitaria sanguinalis* (L.) Scop., *Polygonum nepalense* Meisn., *Alternanthera philoxeroides* (Mart.) Griseb, *Echinochloa colonum*(L.) Link and Galinsoga parviflora Cav.; 6 species were regional malignant weeds; 24 species were common weeds and the other 166 species were general weeds. Weeds in tobacco fields in Yibin and Dazhou possessed highest species richness, Gleason index and Shannon-Wiener index. Weeds in tobacco fields in Liangshanzhou and Panzhihua had lowest species richness, Shannon-Wiener index and Pielou index, but highest Simpson index, which indicating their high uniformity of weeds distribution. Hierarchical cluster analysis revealed that weed communities could be divided into 3 groups, Yibin-Luzhou-Guangyuan-Dazhou, Liangshanzhou-Panzhihua and Deyang based on the comprehensive infestation indices. The difference of weed occurrence and community structure might result from geographical location, climatic condition and weed management strategies.

Keywords: Sichuan Province; tobacco field; weed community; community diversity; hierarchical cluster

烟草是我国重要的经济作物，四川省烟草种植面积大，水热条件优良，地形气候类型多样，导致烟田杂草种类繁多，生长旺盛，草相复杂，草害发生面积占烟草播种面积的90%以上，已经成为影响烟草生产的主要因素之一[1]。近年来随着烟田除草剂用量加大，烟草种植模式不断更新，以及外来植物入侵等影响，烟田草相不断发生改变。为有效实施与环境相容的控草措施，实现对烟田杂草的可持续治理，需要掌握杂草的发生分布规律和群落结构特征。我国对烟田杂草种类分布的调查研究始于20世纪90年代，在安徽、福建、江苏等地区率先开展[2~4]，之后江西、辽宁、广东、湖北、山东、云南和贵州[5~11]等地也相继开展了烟田杂草普查工作，为当地草害治理奠定了良好基础。但四川省针对烟田杂草发生危害的调查还十分欠缺，只有战徊旭等[12]利用诱萌法对四川省主要植烟区土壤杂草种子库进行了试验，明确了种子库中主要杂草的种类和数量，而目前四川各植烟区杂草群落的组成和结构特点尚不明确。为此，从2013年开始，历时3年对四川省7个主要植烟区的烟田杂草群落进行了调查和数量分析，以期为烟田杂草的综合治理提供依据。

1 材料与方法

1.1 研究区域概况

调查区域为四川凉山州、攀枝花、宜宾、泸州、达州、广元和德阳七大烟草种植区，位于四川省南部、东北部和中部，东经101° 23'~108° 07'，北纬26° 28'~32° 29'，属亚热带湿润气候，年平均气温15~21℃，降水量950~1 150mm，春夏季水热资源充沛，适合烟草生长。其中德阳烟区地处成都平原，海拔350~500m，土壤类型以水稻土为主，种植模式为水旱轮作；其他烟区均位于盆周山地区域，海拔在700~1 300m，土壤类型以黄壤、红壤、紫色土为主，烟田多为旱地连作，也有少部分地区实行水旱轮作。

1.2 调查方法与数据分析

于2013~2015年4~7月在烟草大田期进行调查，范围覆盖上述七大烟区的主要产烟地，共计22个县市289个田块，每个田块面积不小于1亩。调查采用倒置"W"九点取样法[13~14]，记录调查的样方内杂草种类和株数，每个样方面积为1m^2，共计调查2 601个样方。

根据各样点调查数据计算不同烟区烟田杂草的田间密度（D）、发生频率（F）、均度（U）、相对密度（RD）、相对频度（RF）、相对均度（RU）和相对多度（RA）。$RA=RD+RF+RU$。采用SPSS 19.0软件对杂草群落进行系统聚类分析，聚类方法为组间均连法，测度使用Euclidean平方距离。

物种多样性指标选用Patrick丰富度指数（R）、Gleason指数（d_{GL}）、Shannon-Wiener多样性指数（H'）、Simpson优势度指数（D'）和Pielou均匀度指数（J）[15~16]。

Patrick指数计算公式为：$R = S$

式中：S为调查区域内的物种数。

Gleason指数计算公式为：$d_{GL} = S / \ln A$

式中：d_{GL}表示物种数目随样方增大而增大的速率，A为所调查的面积。

Shannon-Wiener指数计算公式为：$H' = -\sum P_i \cdot \ln P_i$

Simpson指数计算公式为：$D' = \sum P_i^2$

式中：P_i是第i物种被第1次抽到的概率，$P_i = N_i / N$，N_i为样方中第i种杂草的密度，N为该样方中所有杂草密度之和。

Pielou指数计算公式为：$J = H' / \ln S$

2 结果与讨论

2.1 四川省烟田的杂草种类

经调查鉴定[17~18]，四川省烟田杂草共有201种，分属41科，135属，见表1。其中：孢子植物2科2属5种，单子叶植物5科29属44种，双子叶植物34

科 104 属 152 种。杂草种类较多的科为菊科 39 种，占 19.40%；禾本科 27 种，占 13.43%；蓼科 15 种，占 7.46%；莎草科 12 种，占 5.97%；唇形科 11 种，占 5.47%；十字花科、豆科、玄参科、伞形科各 7 种，分别占 3.48%；石竹科 6 种，占 2.99%；苋科、藜科各 5 种，分别占 2.49%。

表 1　四川省烟田杂草种类

Tab. 1　Weed species infested in tobacco fields in Sichuan Province

科名 Family	杂草名称 Weed species
木贼科 Equisetaceae	问荆 *Equisetum arvense* L.、笔管草 *Equisetum debile* Roxb.、散生木贼 *Equisetum diffusum* Don.、节节草 *Equisetum ramosissimum* Desf.
蘋科 Marasileaceae	四叶蘋 *Marsilea quadrifolia* L.
爵床科 Acanthaceae	爵床 *Rostellularia procumbens*（L.）Nees
苋科 Amaranthaceae	牛膝 *Achyranthes bidentata* Bl.、空心莲子草 *Alternanthera philoxeroides*（Mart.）Griseb.、千穗苋 *Amaranthus hypochondriacus* L.、凹头苋 *Amaranthus lividus* L.、反枝苋 *Amaranthus retroflexus* L.
紫草科 Boraginaceae	柔弱斑种草 *Bothriospermum tenellum*（Hornem.）Fisch. et Mey.、弯齿盾果草 *Thyrocarpus glochidiatus* Maxim.、附地菜 *Trigonotis peduncularis*（Trev.）Benth.
桔梗科 Campanulaceae	半边莲 *Lobelia chinensis* Lour.
石竹科 Caryophyllaceae	簇生卷耳 *Cerastium caespitosum* Gilib.、漆姑草 *Sagina japonica*（S.W.）Ohwi、大爪草 *Spergula arvensis* L.、雀舌草 *Stellaria alsine* Grimm.、石生繁缕 *Stellaria saxatilis* Buch.-Ham.、繁缕 *Stellaria media*（L.）Cyr.
藜科 Chenopodiaceae	藜 *Chenopodium album* L.、土荆芥 *Chenopodium ambrosioides* L.、杖藜 *Chenopodium gigantuem* D.Don.、小藜 *Chenopodium serotinum* L.、地肤 *Kochia scoparia*（L.）Schrad.
菊科 Compositae	胜红蓟 *Ageratum conyzoides* L.、黄花蒿 *Artemisia annua* L.、艾蒿 *Artemisia argyi* Levl. et Vant.、猪毛蒿 *Artemisia scoparia* Waldst. et Kir.、鬼针草 *Bidens bipinnata* L.、小花鬼针草 *Bidens parviflora* Willd.、三叶鬼针草 *Bidens pilosa* L.、狼把草 *Bidens tripartita* L.、天名精 *Carpesium abrotanoides* L.、石胡荽 *Centipeda minima*（L.）A.Br. et Ascher.、刺儿菜 *Cirsium segetum* Bge.、野塘蒿 *Conyza bonariensis*（L.）Cronq.、小飞蓬 *Conyza canadensis*（L.）Cronq.、野茼蒿 *Crassocephalum crepidioides* S. Moore、鱼眼草 *Dichrocephala auriculata*（Thunb.）Druce、小鱼眼草 *Dichrocephala benthamii* C. B.Clarke、鳢肠 *Eclipta prostrata* L. [E.alba（L.）Hassk.]、一年蓬 *Erigeron annuus*（L.）Pers.、紫茎泽兰 *Eupatorium coelestinum* L.、辣子草 *Galinsoga parviflora* Cav.、睫毛牛膝菊 *Galinsoga ciliata*（Raf.）S. F. Blake、鼠麴草 *Gnaphalium affine* D. Don.、多茎鼠麴草 *Gnaphalium polycaulon* Pers.、泥胡菜 *Hemistepta lyrata* Bge.、苦菜 *Ixeris chinensis*（Thunb.）Nakai、抱茎苦荬菜 *Ixeris sonchifolia* Hance.、马兰 *Kalimeris indica*（L.）Sch.-Bip.、山马兰 *Kalimeris lautureanus*（Debeaux）Kitam.、山萵苣 *Lactuca indica* L.、稻槎菜 *Lapsana apogonoides* Maxim.、紫菀 *Michaelmas daisy* L.、腺梗豨莶 *Sigesbeckia pubescens* Makino、苣荬菜 *Sonchus brachyotus* DC.、苦苣菜 *Sonchus oleraceus* L.、孔雀草 *Tagetes patula* L.、蒲公英 *Taraxacum mongolicum* Hand.-Mazz.、苍耳 *Xanthium sibiricum* Patrin.、异叶黄鹌菜 *Youngia heterophylla*（Hemsl.）Babc.et Setbb.、黄鹌菜 *Youngia japonica*（L.）DC.

续表

科名 Family	杂草名称 Weed species
旋花科 Convolvulaceae	打碗花 *Calystegia hederacea* Wall.、圆叶牵牛 *Pharbitis purpurea*（L.）Voigt
景天科 Crassulaceae	珠芽景天 *Sedum bulbiferum* Makino、凹叶景天 *Sedum emarginatum* Migo.、垂盆草 *Sedum sarmentosum* Bunge
十字花科 Cruciferae	荠菜 *Capsella bursa-pastoris* Medic.、碎米荠 *Cardamine hirsuta* L.、野芥菜 *Raphanus raphanistrum* L.、风花菜 *Rorippa globosa*（Turcz. ex Fisch. & C.A. Mey.）Vassilcz.、无瓣蔊菜 *Rorippa dubia*（Pers.）Hara、印度蔊菜 *Rorippa indica*（L.）Hiern、遏蓝菜 *Thlaspi arvense* L.
大戟科 Euphorbiaceae	铁苋菜 *Acalypha australis* L.、地锦 *Euphorbia humifusa* Willd.、白苞猩猩草 *Euphorbia heterophylla* L.、叶下珠 *Phyllanthus urinaria* L.
牻牛儿苗科 Geraniaceae	野老鹳草 *Geranium carolinianum* L.
唇形科 Labiatae	风轮菜 *Clinopodium chinense*（Benth.）O.Ktze.、剪刀草 *Clinopodium gracile*（Benth.）Matsum.、香薷 *Elsholtzia ciliata*（Thunb.）Hyland.、密花香薷 *Elsholtzia densa* Benth.、宝盖草 *Lamium amplexicaule* L.、益母草 *Leonurus japonicus* Houtt.、地笋 *Lycopus lucidus* Turcz.、野薄荷 *Mentha haplocalyx* Briq.、紫苏 *Perilla frutescens*（L.）Britt.、夏枯草 *Prunella vulgaris* L.、荔枝草 *Salvia plebeia* R. Br.
豆科 Leguminosae	紫云英 *Astragalus sinicus* L.、截叶铁扫帚 *Lespedeza cuneata*（Dum.–Cours.）G.Don、白车轴草 *Trifolium repens* L.、广布野豌豆 *Vicia cracca* L.、小巢菜 *Vicia hirsuta*（L.）Gray、大巢菜 *Vicia sativa* L.、光叶紫花苕 *Vicia villosa* Roth. var. *alba* Y. Q. Zhu
千屈菜科 Lythraceae	节节菜 *Rotala indica*（Willd.）Koehne
锦葵科 Malvaceae	苘麻 *Abutilon theophrasti* Medic.、冬葵 *Malva verticillata* L.
桑科 Moraceae	葎草 *Humulus scandens*（Lour.）Merr.
柳叶菜科 Onagraceae	草龙 *Ludwigia hyssopifolia*（G.Don）Exell、丁香蓼 *Ludwigia prostrata* Roxb.
酢浆草科 Oxalidaceae	酢浆草 *Oxalis corniculata* L.
商陆科 Phytolaccaceae	美洲商陆 *Phytolacca Americana* L.
车前科 Plantaginaceae	车前 *Plantago asiatica* L.
蓼科 Polygonaceae	金荞麦 *Fagopyrum dibotrys*（D.Don）Hara、细柄野荞麦 *Fagopyrum gracilipes*（Hemsl.）Damm. ex Diels、苦荞麦 *Fagopyrum tataricum*（L.）Gaertn.、何首乌 *Fallopia multiflora*（Thunb.）Haraldson、头花蓼 *Polygonum capitatum* Buch.–Ham. ex D. Don.、火炭母 *Polygonum chinense* L.、水蓼 *Polygonum flaccidum* Meism.、蚕茧蓼 *Polygonum japonicum* Meisn.、酸模叶蓼 *Polygonum lapathifolium* L.、绵毛酸模叶蓼 *Polygonum lapathifolium* L.var.*salicifolium* Sibth、尼泊尔蓼 *Polygonum nepalense* Meisn.、杠板归 *Polygonum perfoliatum* L.、桃叶蓼 *Polygonum persicaria* L.、腋花蓼 *Polygonum plebeium* R..Br.、酸模 *Rumex acetosa* L.
报春花科 Primulaceae	过路黄 *Lysimachia christinate* Hance
毛茛科 Ranunculaceae	毛茛 *Ranunculus japonicus* Thunb.、石龙芮 *Ranunculus sceleratus* L.、扬子毛茛 *Ranunculus sieboldii* Miq.

续表

科名 Family	杂草名称 Weed species
蔷薇科 Rosaceae	蛇莓 *Duchesnea indica*（Andr.）Focke、萎陵菜 *Potentilla chinensis* Ser.
茜草科 Rubiaceae	猪殃殃 *Galium aparine* L. var. *tenerum*（Gren.et Godr.）Rcbb.、茜草 *Rubia cordifolia* L.
三白草科 Saururaceae	蕺菜 *Houttuynia cordata* Thunb.
玄参科 Scrophulariaceae	泥花草 *Lindernia antipoda*（L.）Alston、宽叶母草 *Lindernia nummularifolia*（D.Don）Wettst.、陌上菜 *Lindernia procumbens*（Krock.）Philcox、通泉草 *Mazus pumilus*（Burm.f）V. Steenis、紫色翼萼 *Torenia violacea*（Azaola）ennell、婆婆纳 *Veronica didyma* Tenore、阿拉伯婆婆纳 *Veronica persica* Poir.
茄科 Solanaceae	曼陀罗 *Datura stramonium* L.、苦蘵 *Physalis angulata* L.、龙葵 *Solanum nigrum* L.
伞形科 Umbelliferae	积雪草 *Centella asiataca*（L.）Urban、毒芹 *Cicuta virosa* L.、蛇床 *Cnidium monnieri*（L.）Cuss.、野胡萝卜 *Dancus carota* L.、野茴香 *Foeniculum vulgare* Mill. var.、天胡荽 *Hydrocotyle sibthorpioides* Lam.、水芹 *Oenanthe javanica*（Bl.）DC.
荨麻科 Urticaceae	糯米团 *Memorialis hirta*（Bl.）Wedd.、冷水花 *Pilea notata* C. H. Wright、雾水葛 *Pouzolzia zeylanica*（L.）Benn.、荨麻 *Urtica fissa* E. Pritz.
马鞭草科 Verbansceae	马鞭草 *Verbena officinalis* L.
堇菜科 Violaceae	犁头草 *Viola japonica* Langsd.
葡萄科 Vitaceae	乌蔹莓 *Cayratia japonica*（Thunb.）Gagnep.
天南星科 Araceae	半夏 *Pinellia ternate*（Thunb.）Breit.
鸭跖草科 Commelinaceae	饭包草 *Commelina benghalensis* L.、鸭跖草 *Commelina communis* L.、水竹叶 *Murdannia triquetra*（Wall.）Bruckn.
莎草科 Cyperaceae	扁穗莎草 *Cyperus compressus* L.、砖子苗 *Cyperus cyperoides*（L.）Kuntze、异型莎草 *Cyperus difformis* L.、褐穗莎草 *Cyperus fuscus* L.、碎米莎草 *Cyperus iria* L.、旋鳞莎草 *Cyperus michelianus*（L.）Link、香附子 *Cyperus rotundus* L.、荸荠 *Eleocharis dulcis*（Burm. f.）Trin.、牛毛毡 *Eleocharis yokoscensis*（Fr. et Sav.）Tang et Wang、两歧飘拂草 *Fimbristylis dichotoma*（L.）Vahl、日照飘拂草 *Fimbristylis miliacea*（L.）Vahl、水蜈蚣 *Kyllinga brevifolia* Rottb.
禾本科 Gramineae	看麦娘 *Alopecurus aequalis* Sobol.、日本看麦娘 *Alopecurus japonicus* Steud.、荩草 *Arthraxon hispidus*（Thunb.）Makino、野燕麦 *Avena fatua* L.、虎尾草 *Chloris virgata* Swartz、狗牙根 *Cynodon dactylon*（L.）Pers.、马唐 *Digitaria sanguinalis*（L.）Scop.、光头稗 *Echinochloa colonum*（L.）Link、稗 *Echinochloa crusgalli*（L.）Beauv.、无芒稗 *Echinochloa crusgalli*（L.）Beauv. var. *mitis*（Pursh）Peterm.、旱稗 *Echinochloa hispidula*（Retz.）Nees、牛筋草 *Eleusine indica*（L.）Gaertn.、画眉草 *Eragrostis pilosa*（L.）Beauv.、牛鞭草 *Hemarthria altissima*（Poir.）Stapf et C. E. Hubb.、白茅 *Imperata cylindrica*（L.）Beauv.、李氏禾 *Leersia hexandra* Swartz.、虮子草 *Leptochloa panacea*（Retz.）Ohwi、稻 *Oryza sativa* Linn.、双穗雀稗 *Paspalum distichum* L.、雀稗 *Paspalum thunbergii* Kunth、早熟禾 *Poa annua* L.、棒头草 *Polypogon fugax* Nees ex Steud.、鹅冠草 *Roegmeria kamoji* Ohwi、金色狗尾草 *Setaria glauca*（L.）Beauv.、狗尾草 *Setaria viridis*（L.）Beauv.、鼠尾粟 *Sporobolus fertilis*（Steud.）W. D. Clayt.、野生小麦 *Triticum aestivum* L.
灯芯草科 Juncaceae	小灯芯草 *Juncus bufonius* L.

根据烟田杂草的发生频率、相对多度以及在各产区的危害情况，将四川省烟田杂草分为优势杂草、区域性优势杂草、常见杂草和一般杂草4类。马唐、尼泊尔蓼、光头稗、空心莲子草和辣子草在各烟区发生频率均较高，相对多度值在12.22%~28.67%之间，对烟草生长影响较为严重，属于烟田优势杂草（表2）。鸭跖草、小藜、双穗雀稗、绵毛酸模叶蓼、马兰、野燕麦等6种杂草仅在部分烟区发生频率及优势度高，如马兰的总体相对多度值仅为5.81%，但在宜宾、泸州和广元烟区的相对多度值分别高达10.57%、11.13%和15.98%，这些杂草对当地烟草产量有较大影响，属于区域性优势杂草。无芒稗、繁缕、水蓼、碎米荠、酸模叶蓼、铁苋菜、看麦娘、藜、牛筋草、杖藜、通泉草、荠菜、艾蒿、香附子、旱熟禾、鼠麹、金色狗尾草、三叶鬼针草、扬子毛茛、打碗花、小飞蓬、车前、凹头苋、酢浆草等24种杂草在四川省各烟区广泛分布，但相对多度值较低，在2.37%~9.84%之间，对烟草生产危害较小，属于烟田常见杂草。其余杂草发生频率低，相对多度值在2.00%以下，仅在局部地区分布，对烟叶产量影响很小，属于烟田一般杂草。

2.2 各烟区杂草群落的相似性分析

以各烟区主要烟田杂草的相对多度构成矩阵进行系统聚类分析，结果（图1）显示：四川省烟田杂草群落可以划分为三个类群，第I聚类群包含宜宾、泸州、广元、达州烟区，第II聚类群包含凉山州和攀枝花烟区，德阳烟区的杂草群落

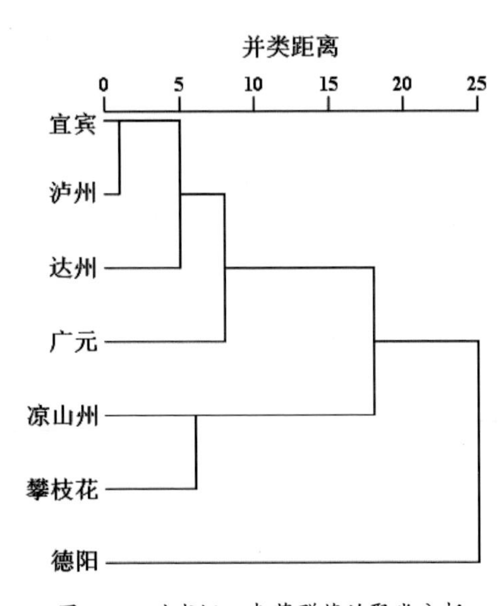

图1 四川省烟田杂草群落的聚类分析

Fig.1 Hierarchical cluster analysis of weed community in tobacco field in Sichuan

表 2 四川省主要烟田杂草的相对多度分析

Tab. 2 Relative abundance of weeds in tobacco fields in Sichuan Province

杂草名称 Weed species	凉山州 Liangshanzhou	攀枝花 Panzhihua	宜宾 Yibin	泸州 Luzhou	达州 Dazhou	广元 Guangyuan	德阳 Deyang	综合[①] Overall
马唐 *Digitaria sanguinalis*（L.）Scop.	39.76	40.51	24.33	25.99	29.07	21.94	21.23	28.67
尼泊尔蓼 *Polygonum nepalense* Meisn.	22.69	16.87	13.71	18.02	9.87	19.96	0	13.52
辣子草 *Galinsoga parviflora* Cav.	19.35	28.55	11.89	17.36	2.41	1.24	14.26	12.29
光头稗 *Echinochloa colonum*（L.）Link	19.76	8.06	5.40	5.52	12.07	15.41	22.34	12.22
空心莲子草 *Alternanthera philoxeroides*（Mart.）Griseb.	9.24	0	11.20	16.50	16.77	0	11.12	10.58
无芒稗 *Echinochloa crusgalli*（L.）Beauv.var. *mitis*（Pursh）Peterm.	12.21	11.31	10.18	14.52	4.99	22.34	0	9.84
铁苋菜 *Acalypha australis* L.	5.01	2.83	10.92	7.81	13.13	14.20	6.22	8.72
酸模叶蓼 *Polygonum lapathifolium* L.	22.29	7.29	7.70	1.47	4.58	12.40	4.32	8.22
繁缕 *Stellaria media*（L.）Cyr.	6.31	6.70	5.06	3.55	7.07	4.27	17.56	7.11
水蓼 *Polygonum flaccidum* Meism.	2.72	0	5.30	11.55	7.67	8.77	11.98	6.68
藜 *Chenopodium album* L.	14.24	0.48	4.27	7.72	4.39	14.30	3.90	6.47
牛筋草 *Eleusine indica*（L.）Gaertn.	10.09	7.72	2.63	1.52	6.85	3.55	9.52	6.47
碎米荠 *Cardamine hirsuta* L.	5.12	4.29	4.70	3.59	6.94	0.55	13.96	5.90
马兰 *Kalimeris indica*（L.）Sch.–Bip.	0	0	10.57	11.13	4.20	15.98	0.42	5.81
鸭跖草 *Commelina communis* L.	0.83	3.98	10.12	14.31	2.36	9.06	0.21	5.63
艾蒿 *Artemisia argyi* Levl. et Vant.	3.47	0	9.75	8.73	3.10	6.88	0.21	5.34
看麦娘 *Alopecurus aequalis* Sobol.	2.66	5.41	2.10	8.75	6.92	3.36	11.75	4.88
通泉草 *Mazus pumilus*（Burm.f）V. Steenis	1.47	0.98	1.93	1.64	9.07	0	14.27	4.49
早熟禾 *Poa annua* L.	5.18	8.05	1.34	1.16	2.23	0	13.19	4.41
鼠麹草 *Gnaphalium affine* D. Don.	5.23	7.58	2.32	4.94	3.13	2,.91	7.21	4.26
香附子 *Cyperus rotundus* L.	9.17	6.86	3.39	0	4.08	5.81	1.86	4.02

注：①综合值指各杂草在四川省七大烟区的总体相对多度值。

结构与其他产区均有较大不同，属于第Ⅲ聚类群。第Ⅰ聚类群中优势度较大的杂草有马唐、尼泊尔蓼、无芒稗、空心莲子草、铁苋菜、马兰和鸭跖草，第Ⅱ聚类群中优势度较大的杂草有马唐、尼泊尔蓼、辣子草、光头稗、无芒稗和酸模叶蓼，第Ⅲ聚类群中优势度较大的杂草有马唐、辣子草、光头稗、繁缕、碎米荠、通泉草和早熟禾。7大烟区中，烟田杂草群落结构最相似的是宜宾和泸州，这两个烟区同属乌蒙山区，地理位置紧邻，环境条件相近，因此杂草发生情况较为一致。

2.3 各烟区烟田杂草的物种多样性测度

达州烟区和宜宾烟区的物种丰富度较高，分别有杂草127种和124种；攀枝花、广元最少，均为62种，见表3。Gleason指数最高的地区同样是达州和宜宾烟区，分别为21.00和19.15，远高于其他烟区（11.37~13.58），说明排除调查面积差异的影响，这两个地区杂草物种多样性也显著高于其他烟区。

凉山州烟区的Simpson指数最高，为0.07；宜宾烟区最低，仅为0.03。凉山州烟区RA最高的5种杂草即马唐、尼泊尔蓼、酸模叶蓼、光头稗和辣子草的RA之和为123.85%，而宜宾烟区RA最高的5种杂草即马唐、尼泊尔蓼、空心莲子草、辣子草和铁苋菜的RA之和仅为72.05%，说明凉山州烟区烟田杂草的优势草种在杂草群落中的相对优势度较高，群落结构较为简单。

与Simpson指数相反，宜宾烟区的Shannon-Wiener指数最高，达4.18，是其他烟区的1.16~1.33倍。Pielou指数以广元烟区为最高，达0.67，宜宾、泸州烟区次之，均为0.65。凉山州烟区该两种指数的值分别为3.15和0.48，均为所有烟区最低。这说明宜宾、广元、泸州三个烟区烟田杂草群落中各草种分布的均匀度高于其他烟区。

表3 不同地区烟田杂草群落物种多样性测度

Tab. 3 Measurement of weed community diversity among different tobacco regions

产区 Region	田块数（/个）Plot	物种丰富度 Species richness	Gleason 指数 Gleason index	Simpson 指数 Simpson index	Shannon-Wiener 指数 Shannon-Wiener index	Pielou 指数 Pielou index
凉山州 Liangshanzhou	74	80	12.31	0.07	3.15	0.48
攀枝花 Panzhihua	26	62	11.37	0.06	3.23	0.59
宜宾 Yibin	72	124	19.15	0.03	4.18	0.65
泸州 Luzhou	23	76	12.41	0.05	3.45	0.65
达州 Dazhou	47	127	21.00	0.04	3.61	0.60
广元 Guangyuan	17	62	12.33	0.05	3.36	0.67
德阳 Deyang	30	76	13.58	0.05	3.27	0.58

3 结论

本试验中调查了四川省七个烟草主产区烟田杂草的种类及危害程度，结果基本上反映了各草种在烟田中的实际分布状况。杂草群落结构受地理、气候、土壤、杂草管理方式等多种因素的影响[19~20]，在这些因素的综合作用下，各烟区杂草群落呈现出一定的差异。凉山州、攀枝花烟区海拔较高，纬度低，年平均气温、日照时长均为各烟区最高，酸模叶蓼、小藜、野燕麦、胜红蓟等杂草的发生频率及优势度较其他地区明显上升；德阳烟区及达州宣汉、开江部分地区，实施水旱轮作，田间湿度较大，导致喜湿性杂草光头稗、空心莲子草、碎米荠、繁缕、通泉草的发生量较大；宜宾、泸州、广元烟区均位于盆周山地区域，喜旱性及中生性杂草牛筋草、鸭跖草、马兰、艾蒿、波斯婆婆纳等发生较多；马唐、尼泊尔蓼适应性广，在四川各烟区普遍发生且危害较重。调查发现，各烟区普遍存在长期使用单一除草剂的情况，导致部分抗性杂草种群数量上升，如凉山州、达州烟区部分烟田常年施用草甘膦，则酸模叶蓼、水蓼、通泉草等逐渐成为优势杂草；宜宾、泸州烟区长期使用精喹禾灵＋砜嘧磺隆的烟田，鸭跖草、刺儿菜、马齿苋等杂草发生量明显增大，防除难度较大。

对四川省各烟区杂草物种多样性分析结果显示，宜宾、达州两个烟区烟田杂草群落的物种丰富度、Gleason 指数、Shannon–Wiener 指数和 Pielou 指数最高，Simpson 指数最低，说明这两个地区杂草种类最多，优势草种的相对优势度最低，物种分布的均匀度最高，主要原因是宜宾、达州烟区烟田在海拔 350~500m 的平原（宜宾长宁，达州宣汉、开江部分地区）和 800~1 300m 的山地均有分布，不同的地理气候条件导致了杂草物种的多样化。攀枝花、凉山州烟区烟田杂草群落的各项物种多样性指标均为全烟区最低，可能的原因是这两个地区除草剂使用频率较高，非靶标杂草和耐药性杂草成为优势杂草，其他大部分杂草受到抑制，导致优势杂草更加突出，草种分布的均匀度降低。

从四川省各烟区烟田杂草发生危害情况来看，5 种主要杂草马唐、尼泊尔蓼、光头稗、空心莲子草、辣子草以及 6 种区域性优势杂草鸭跖草、小藜、双穗雀稗、绵毛酸模叶蓼、马兰、野燕麦是烟田主要害草，控制这 11 种杂草将是烟田杂草防除工作的重点。根据本次调查的结果，可针对不同地区杂草群落的结构特点采取相应的防治措施，除正确使用除草剂外，还需严格执行精细化的烟田管理，实施合理的轮作制度，通过物理防除、生物防治等多种手段结合互补，实现草害的综合治理。

参考文献

[1] 赵浩宇，朱建义，刘胜男，等．烟田杂草防除研究进展 [J]. 杂草科学，2013, 31(3): 1-7.
ZHAO Haoyu, ZHU Jianyi, LIU Shengnan, et al. Research progress on weed control in tobacco fields[J]. Weed Science, 2013, 31(3): 1-7.

[2] 李树美．安徽省烟田杂草的分布与危害 [J]. 中国烟草学报，1997, 3(4): 60-66.
LI Shumei. Distribution and Damage of Weeds in Tobacco Fields in Anhui Province[J]. Acta Tabacaria Sinica, 1997, 3(4): 60-66.

[3] 招启柏，薛光，赵小青，等．江苏省烟田杂草发生及危害状况初报 [J]. 江苏农业科学，1997(1): 43-45.
ZHAO Qibo, XUE Guang, ZHAO Xiaoqing, et al. A Preliminary Study on Occurrence and Damage of Weeds in Tobacco Fields in Jiangsu Province[J]. Jiangsu Agricultural Sciences, 1997(1): 43-45.

[4] 官宝斌，林海，白万明．等．东南烟区大田杂草种类及分布 [J]. 福建农业科技，1999(4): 8-9.
GUAN Baobin, LIN Hai, BAI Wanming, et al. Species and Distribution of Weeds in Southeast Tobacco Area[J]. Fujian Agricultural Science and Technology, 1999(4): 8-9.

[5] 杨蕾，吴元华，贝纳新，等．辽宁省烟田杂草种类、分布与危害程度调查 [J]. 烟草科技，2011(5): 80-84.
YANG Lei, WU Yuanhua, BEI Naxin, et al. Investigation on Distribution and Damage of Weeds in Tobacco Fields in Liaoning Province[J]. Tobacco Science & Technology, 2011(5): 80-84.

[6] 韩云，殷艳华，王丽晶，等．广东烟田主要杂草类型与不同轮作方式杂草种类调查 [J]. 广东农业科学，2011, 38(21): 76-81.
HAN Yun, YIN Yanhua, WANG Lijing, et al. Investigation of the main weeds types and varieties in different rotation way in tobacco fields of Guangdong province[J]. Guangdong Agricultural Sciences, 2011, 38(21): 76-81.

[7] 张超群，陈荣华，冯小虎，等．江西省烟田杂草种类与分布调查 [J]. 江西农业学报，2012, 24(6): 80-82.
ZHANG Chaoqun, CHEN Ronghua, FENG Xiaohu, et al. Investigation on species and distribution of weeds in tobacco fields in Jiangxi province[J]. Acta Agriculturae Jiangxi, 2012, 24(6): 80-82.

[8] 李锡宏，李儒海，褚世海，等．湖北省十堰市烟田杂草的种类与分布 [J]. 中国烟草科学，2012, 33(4): 55-58.
LI Xihong, LI Ruhai, CHU Shihai, et al. Species and distribution of weeds in tobacco fields in Shiyan, Hubei province[J]. Chinese Tobacco Science, 2012, 33(4): 55-58.

[9] 陈丹，时焦，张峻铨，等．山东省烟田土壤杂草种子库研究 [J]. 烟草科技，2013(5): 77-80.
CHEN Dan, SHI Jiao, ZHANG Junquan, et al. Study on Seed Bank of Weeds in Tobacco

Growing Fields in Shandong[J]. Tobacco Science & Technology, 2013（5）: 77－80.
[10] 胡坚 . 云南烟田杂草的种类及防控技术 [J]. 杂草科学 , 2006（3）: 14－17.
HU Jian. Weed genotype and its controlling technology in the tobacco culture field of Yunnan Province[J]. Weed Science, 2006（3）: 14－17.
[11] 徐爽 , 崔丽 , 晏升禄 , 等 . 贵州省烟田杂草的发生与分布现状调查 [J]. 江西农业学报 , 2012, 24（2）: 67－70.
XU Shuang, CUI Li, YAN Shenglu, et al. Investigation on occurrence and distribution status of weeds in tobacco fields of Guizhou province[J]. Acta Agriculturae Jiangxi, 2012, 24（2）: 67－70.
[12] 战徊旭 , 时焦 , 孟坤 , 等 . 四川省主要烟区土壤杂草种子库研究 [J]. 烟草科技 , 2015, 48（6）: 19－22.
ZHAN Huaixu, SHI Jiao, MENG Kun, et al. Investigation on Seed Pools of Weeds in Main Tobacco Growing Areas in Sichuan[J]. Tobacco Science & Technology, 2015, 48（6）: 19－22.
[13] Thomas A C. Weed survey system used in Saskatchewan for cereal and oilseed crops[J]. Weed Science, 1985, 33（1）: 34－43.
[14] 张朝贤 , 胡祥恩 , 钱益新 , 等 . 江汉平原麦田杂草调查 [J]. 植物保护 , 1998, 24（3）: 14－16.
ZHANG Chaoxian, HU Xiang'en, QIAN Yixin, et al. Weed survey in wheat fields in Jianghan Plain[J]. Plant Protection, 1998, 24（3）: 14－16.
[15] 马克平 . 生物群落多样性的测度方法 : I α 多样性的测度方法（上）[J]. 生物多样性 , 1994, 2（3）: 162－168.
[16] 马克平 , 刘玉明 . 生物群落多样性的测度方法 : I α 多样性的测度方法（下）[J]. 生物多样性 , 1994, 2（4）: 231－239.
[17] 王枝荣 . 中国农田杂草原色图谱 [M]. 北京 : 中国农业出版社 , 1990.
[18] 周小刚 , 张辉 . 四川农田常见杂草原色图谱 [M]. 成都 : 四川科学技术出版社 , 2006.
ZHOU Xiaogang, ZHANG Hui. The coloured atlas of field common weeds in Sichuan[M]. Chengdu: Sichuan Science and Technology Press, 2006.
[19] 李秉华 , 张宏军 , 段美生 , 等 . 河北省夏玉米田杂草群落数量分析 [J]. 植物保护 , 2014, 40（4）: 60－66.
LI Binghua, ZHANG Hongjun, DUAN Meisheng, et al. Quantitative analysis of weed community in summer maize in Hebei Province[J]. Plant Protection, 2014, 40（4）: 60－66.
[20] 詹晖华 . 烟田杂草群落结构及其防治技术研究 [D]. 杭州 : 浙江大学 , 2006.
ZHAN Huihua. Study oil weeds community structure and its control technique in tobacco field[D]. Hangzhou: Zhejiang University, 2006.

（原文发表于《烟草科技》，2016，49（8）：21-27.）

四川省烟田空心莲子草危害调查及化学防除研究

赵浩宇[1]，李斌[2]，向金友[3]，谢冰[3]，张吉亚[3]，杨洋[3]，周小刚[1*]

[1. 四川省农业科学院植物保护研究所 / 农业部西南作物有害生物综合治理重点实验室，四川成都　610066；2. 四川省烟草专卖局（公司），四川成都　610041；3. 四川省烟草公司宜宾市公司，四川宜宾　644002]

摘　要：采用倒置九点取样法对四川省烟田空心莲子草的发生及危害进行了调查，并通过小区试验考察氯氟吡氧乙酸、百草枯、草铵膦三种除草剂对空心莲子草的防效。结果显示空心莲子草在四川烟田的发生频率、相对多度和草害综合指数分别达到43.82%、9.96%和4.83%。20%氯氟吡氧乙酸乳油对空心莲子草的防除效果最佳，900、1050mL/hm^{2}处理26d对空心莲子草的株鲜重防效分别达到94.56%、95.97%，且持效性最好。安全性试验结果表明，烟草对氯氟吡氧乙酸敏感，施药时应注意避免将药液喷施到烟草茎叶上。

关键词：烟草田；空心莲子草；危害；防除

Study on damage and chemical control of *Alternanthera philoxeroides* in tobacco fields in Sichuan province

ZHAO Hao-yu[1], LI Bin[2], XIANG Jin-you[3], XIE Bing[3], ZHANG Ji-ya[3], YANG yang[3], ZHOU Xiao-gang[1*]

（1. Key Laboratory of Integrated Pest Management on Crops in Southwest, Ministry of Agriculture, Institute of Plant Protection, Sichuan Academy of Agricultural Science, Chengdu 610066, China; 2. Sichuan Tobacco Corporation, Chengdu 610041, China; 3. Yibin Branch Company, Sichuan Tobacco Corporation, Yibin 644002, China）

Abstract: The occurrence and damage of *Alternanthera philoxeroides* in tobacco fields in Sichuan provincewere surveyed by using inverted "W" 9-point sampling method. Field experiments

基金项目：四川省烟草公司科技项目【编号：川烟科（2013）4号】。

主要作者简介：赵浩宇（1986-），男，博士，主要从事杂草防治技术研究。E-mail: zigzagipp@hotmail.com。
* 通讯作者：周小刚，E-mail: weed1970@aliyun.com。

were conducted to evaluate the efficacy of fluroxypyr, parqual and glufosinate to control Alternanthera philoxeroides in a tobacco field. The results showed that the frequency, relative abundance and the level of weed infestation of Alternanthera philoxeroides were43.82%, 9.96% and 4.83%, respectively in tobacco fields in Sichuan province. 900 and1050 mL/hm2 application of fluroxypyr 20% EC effectively controlled Alternanthera philoxeroides at levels of 94% and 95% with long-last period persistence.Safety experiments indicated that treatment with fluroxypyr 20% EC higher than 60 mL/mu was extremely unsafe to tobacco.

Keywords: Tobacco field; *Alternanthera philoxeroides*; damage; control

空心莲子草（*Alternanthera philoxeroides*），又名水花生、革命草，苋科莲子草属多年生宿根性草本植物，为全球性恶性入侵杂草[1]，是我国杂草防治中的重点目标之一。空心莲子草生长迅速、抗逆性强，在各种农田生境均能发生，与作物争水、争肥、争光，降低作物产量。该杂草具备营养生殖方式[2~4]，即使地面部分全部死亡也能在短时间内通过地下部分再生[5]，一旦形成稳定群落则较难防除。近年来空心莲子草在四川省各烟区广泛发生，并在宜宾、泸州、达州、德阳等烟区危害严重，局部地区已形成单一优势群落，严重影响烟草的生产。为了有效控制空心莲子草，本研究对四川省各烟区空心莲子草的发生及危害情况进行了普查，并选取氯氟吡氧乙酸、百草枯、草铵膦三种除草剂进行空心莲子草的防效试验，考察药剂持效性，结合烟草大田期生产实际探索最佳施药时期，为烟田空心莲子草的防除提供理论基础与技术支撑。

1 材料与方法

1.1 试验药剂

20% 氯氟吡氧乙酸乳油（美国陶氏益农公司）；20% 百草枯水剂（永农生物科学有限公司）；20% 草铵膦水剂（永农生物科学有限公司）。

1.2 空心莲子草发生及危害调查

调查于 2013~2014 年烟草大田期，在四川省凉山彝族自治州（以下简称凉山州）、攀枝花、宜宾、泸州、广元、达州、德阳七大烟草种植区进行，共调查 23 个市（县）283 块烟田，范围涵盖各烟区主要产烟地。调查采用倒置“W”九点取样法[6]，每个样点调查面积为 $1m^2$，记录每个样点内空心莲子草的株数，以杂草群落优势度七级目测法[7]确定危害级别值。

为量化调查结果，需计算空心莲子草的田间发生频率、相对多度及草害综合指数 3 个指标。田间频率表示杂草出现的田块数占总调查田块数的百分比；相对多度为某种杂草相对均度、相对密度、相对频率之和；草害综合指数表示某种杂草在整个调查区域中的危害程度，计算公式为∑（级别值 × 该级别出现的样方数）× 100%/(最高级别值 × 总样方数)。

1.3 田间药剂试验

试验地选择在宜宾市兴文县大坝乡烟草科技园区试验田，土质为黄壤，有机质含量为 2.69%，pH 值为 5.9。试验田杂草以空心莲子草为主，其他杂草包括马唐、马兰、双穗雀稗、饭包草、扬子毛茛等。供试烟草品种为 K326，栽培方式为裸栽。药剂试验分两部分，2013 年进行防效试验和安全性试验，2014 年在同一田块进行持效性试验。

防效试验设七个处理，分别为：A. 20% 氯氟吡氧乙酸乳油 900mL/hm^2；B. 20% 氯氟吡氧乙酸乳油 1 050mL/hm^2；C. 20% 百草枯水剂 3 750mL/hm^2；D. 20% 百草枯水剂 4 500mL/hm^2；E. 20% 草铵膦水剂 4 500mL/hm^2；F. 20% 草铵膦水剂 5 250mL/hm^2；G. 空白对照。于烟草移栽后 30d 进行行间保护性施药，施药后 13d 进行株防效调查，26d 后进行株防效和鲜重防效调查。

持效性试验共设 10 个处理，处理 1~3 为 20% 氯氟吡氧乙酸乳油 900mL/hm^2；处理 4~6 为 20% 百草枯水剂 3 750mL/hm^2；处理 7~9 为 20% 草铵膦水剂 4 500mL/hm^2；处理 10 为空白对照。其中药剂处理分为 3 组，组 1 为处理 1、4、7；组 2 为处理 2、5、8；组 3 为处理 3、6、9。施药分为 3 次进行，组 1、组 2、组 3 分别于空心莲子草平均株高 5、10、15cm 时期施药（分别对应烟苗移栽后 15、21、28d，均为行间保护性施药），烟苗封行前（移栽后 60d）调查株防效和鲜重防效。此外，为明确烟草大田期空心莲子草的生长状况，烟苗移栽后每隔 5d 于试验空白对照区随机选取 30 株空心莲子草测定株高。

考察氯氟吡氧乙酸对烟草的安全性，设 3 个处理，处理（1）为 20% 氯氟吡氧乙酸乳油 900mL/hm^2，非保护性施药；处理（2）为 20% 氯氟吡氧乙酸乳油 900mL/hm^2，行间保护性施药，避开烟草叶面；处理（3）为空白对照。施药时间为烟苗移栽后 30d，施药后 15、30、45d 目测烟苗生长情况。

试验小区均为随机区组排列，面积 15m^2，每处理三次重复。喷雾器为利农 HD-400 手动喷雾器，喷嘴为 LURMARK.OIF110 扇形喷嘴。实验数据处理应用 DPS 数据处理系统，差异显著性分析采用 Duncan 新复极差法。

2 结果与分析

2.1 空心莲子草发生情况

调查结果显示（表 1），四川省烟田空心莲子草的田间频率为 43.82%，相对多度为 9.96%，草害综合指数达 4.83%，这三项指标在所有烟田杂草中分别列第 6、第 5 和第 4（数据未列出）。从各烟区情况来看，达州烟区受空心莲子草危害最重，相对多度和草害综合指数分别高达 16.93% 和 13.15%；其次为宜宾、德阳、泸州烟区，三项指标分别在 45.83%~80.00%、8.85%~11.02% 和 2.59%~6.14% 范围内；凉山州烟区受危害较轻，草害综合指数仅为 0.48%；攀枝花、广元烟区在本次调查范围内的烟田中并未发现空心莲子草。

表 1 各烟区空心莲子草发生及危害情况

Table 1 Occurrence and damage of *Alternanthera philoxeroides*

烟区	田块数（个）	田间频率 (%)	相对多度 (%)	草害综合指数 (%)
凉山州	74	37.84	8.24	0.48
攀枝花	26	0	0	0
宜宾	72	45.83	11.02	6.14
泸州	17	58.82	8.85	2.59
广元	17	0	0	0
达州	47	68.09	16.93	13.45
德阳	30	80.00	10.42	4.17
合计	283	43.82	9.96	4.83

2.2 烟田空心莲子草的生长情况

由图 1 可知，空心莲子草生长速度快，在烟草移栽后 40d 内能够伸长超过 20cm。从宜宾地区的情况来看，在水分、湿度适合的条件下，空心莲子草从整

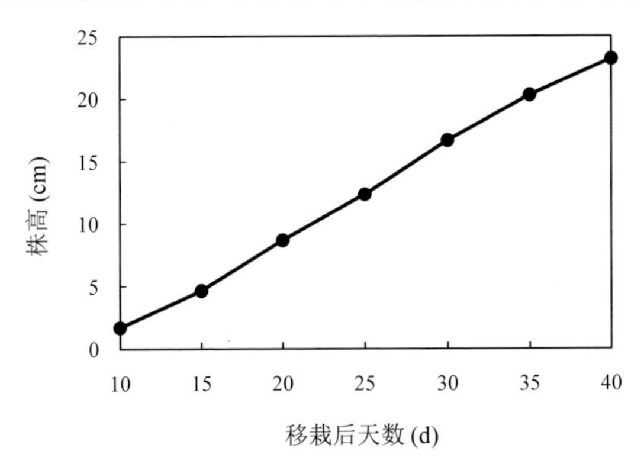

图 1 烟草田空心莲子草生长情况

Fig. 1 Growth of *Alternanthera philoxeroides*

地、烟草移栽开始生长到5cm、10cm和15cm所需时间分别为15~18d、21~24d和27~30d。

2.3 药剂对空心莲子草的防效

由表2可以看出，施药后13d，20%百草枯水剂3 750、4 500mL/hm^{2}和20%草铵膦水剂4 500、5 250mL/hm^{2}处理对空心莲子草防效较好，株防效均超过80%；20%氯氟吡氧乙酸乳油900、1 050mL/hm^{2}处理防除效果较差，分别为69.22%和70.49%。施药后26d，20%氯氟吡氧乙酸乳油防效最高，900、1 050mL/hm^{2}处理对空心莲子草的株防效分别达到90.24%、94.20%，鲜重防效分别达到94.56%、95.97%；20%百草枯水剂3 750、4 500mL/hm^{2}和20%草铵膦水剂4 500、5 250mL/hm^{2}处理防效略差，株防效为83.15%~85.23%，鲜重防效为90.90%~92.31%。

表2 3种除草剂对空心莲子草的防效

Table 2 Control effect of three herbicides against *Alternanthera philoxeroides*

处理	药后13d	药后26d	
	株防效（%）	株防效（%）	鲜重防效（%）
20%氯氟吡氧乙酸乳油900mL/hm^2	69.22d	90.24b	94.56b
20%氯氟吡氧乙酸乳油1 050mL/hm^2	70.49c	94.20a	95.97a
20%百草枯水剂3 750mL/hm^2	83.15b	79.62e	92.03c
20%百草枯水剂4 500mL/hm^2	85.23a	83.14d	92.31c
20%草铵膦水剂4 500mL/hm^2	83.76b	82.87d	90.90d
20%草铵膦水剂5 250mL/hm^2	83.15b	84.87c	91.07d

2.4 药剂对空心莲子草的持效性

烟苗移栽后60d进行调查，结果显示（表3）组1的3个处理中20%氯氟吡氧乙酸乳油900mL/hm^{2}处理对空心莲子草的防效明显优于另外两个处理，平均株防效和鲜重防效分别为83.48%和89.02%；20%百草枯水剂3 750mL/hm^{2}和20%草铵膦水剂4 500mL/hm^{2}处理对莲草株防效差异不显著，分别为66.76%和63.50%，前者对莲草的鲜重防效优于后者，分别为77.94%和72.20%。

表 3　3 种除草剂不同时期施药对空心莲子草的防效

Table 3　Control effect of three herbicidessprayed at differentstages of *Alternanthera philoxeroides* growth

施药时空心莲子草株高（cm）	处理	株防效（%）	鲜重防效（%）
5	20% 氯氟吡氧乙酸乳油 900mL/hm^2	83.48c	89.02c
	20% 百草枯水剂 3 750mL/hm^2	66.76f	77.94e
	20% 草铵膦水剂 4 500mL/hm^2	63.50f	72.20f
10	20% 氯氟吡氧乙酸乳油 900mL/hm^2	93.37b	95.72b
	20% 百草枯水剂 3 750mL/hm^2	73.49e	82.46d
	20% 草铵膦水剂 4 500mL/hm^2	76.76de	89.88c
15	20% 氯氟吡氧乙酸乳油 900mL/hm^2	96.93a	97.56a
	20% 百草枯水剂 3 750mL/hm^2	79.62cd	90.90c
	20% 草铵膦水剂 4 500mL/hm^2	81.70cd	94.89b

组 2 的情况与组 1 类似，3 个处理中 20% 氯氟吡氧乙酸乳油 900mL/hm^2 处理对空心莲子草的防效显著高于另外两个处理，平均株防效和鲜重防效分别为 93.37% 和 95.72%；20% 百草枯水剂 3 750mL/hm^2 和 20% 草铵膦水剂 4 500mL/hm^2 处理对莲草株防效分别为 73.49% 和 76.76%，二者无显著性差异，前者的鲜重防效低于后者，分别为 82.46% 和 89.88%。

组 3 的 3 个处理中 20% 氯氟吡氧乙酸乳油 900mL/hm^2 处理对空心莲子草的株防效最高，为 96.93%；20% 百草枯水剂 3 750mL/hm^2 和 20% 草铵膦水剂 4 500mL/hm^2 处理的株防效相当，分别为 79.62% 和 81.70%。鲜重防效方面所有处理的防效均大于 90%，其中 20% 氯氟吡氧乙酸乳油 900mL/hm^2 处理最高，为 97.56%；20% 草铵膦水剂 4 500mL/hm^2 处理次之，为 94.89%；20% 草甘膦水剂 3 750mL/hm^2 处理防效相对较低，为 90.90%。

由结果可以看出，20% 氯氟吡氧乙酸乳油防除空心莲子草的持效性最好，在空心莲子草株高 5cm 时施药，45d 后平均鲜重防效仍有 89.02%，因其为内吸传导型除草剂，对空心莲子草地下营养器官也能造成一定损害，延缓其再生；20% 草铵膦水剂的持效性次之，如在空心莲子草株高 10cm 时施药，封行前能达到 90% 左右的鲜重防效；20% 百草枯水剂持效性最差，施药 10d 后目测空心莲子草已经开始大量再生。

2.5　氯氟吡氧乙酸对烟草的安全性

施药后 15、30、45d 观察发现，行间保护性施药处理的烟草生长情况与对照区烟草基本一致，仅脚叶部分有少量药斑，为施药时部分药液随风漂移至脚叶所致；非保护性施药处理的烟草药后 15d 已经出现大面积失绿，植株畸形并停止生长，药后 45d 均完全死亡。

3 讨论

本研究调查数据显示，空心莲子草在四川省各烟区发生较为普遍，田间频率达到 43.82%，相对多度和草害综合指数分别达到 9.96% 和 4.83%，已经成为该地区烟田恶性杂草。其中达州、宜宾、德阳、泸州烟区受危害最重，很多烟田已经形成该杂草的单一优势群落，给当地烟草生产带来不利影响。

氯氟吡氧乙酸、百草枯、草铵膦是目前针对空心莲子草比较有效的化学防除药剂，本研究结果显示 3 种除草剂对莲草的防效均较好，其中氯氟吡氧乙酸持效性最好，草铵膦、百草枯发挥药效更快，但持效性较差。结合烟草实际生产，如果田间杂草以空心莲子草为主，可在其株高约 10cm（烟苗移栽后 20d 左右）施用 20% 氯氟吡氧乙酸乳油 900mL/hm^2，基本能达到在整个大田期防控该杂草的效果；如果使用百草枯或草铵膦，则应在空心莲子草生长盛期，株高约 15cm 时（移栽后 25~30d）进行喷施。值得注意的是，氯氟吡氧乙酸喷施到烟草茎叶上会产生强烈药害导致植株死亡，在施药时必须严格进行保护性喷施，避免药液漂移到烟草叶片上。

参考文献

[1] Julien M, Skarratt B, Maywald GF. Potential geographical distribution of alligator weed and its biological controlby *Agasicles hygrophila*[J]. Journal of Aquatic Plant Management, 1995,33, 55－60.

[2] Sosa AJ, Julien M, Cordo HA. New research on *Alternanthera philoxeroides* (alligator weed) in its South America native range. In: Proceedings of the 6th International Symposium on Biological Control of Weeds[M] (eds. Cullen JM, Briese DT, Kriticos DJ, Lonsdale WM, MorinL, Scott JK), 2003, pp. 180－185. CSIRO Entomology, Canberra,Australia.

[3] 林金成 , 强胜 . 空心莲子草营养繁殖特性研究 [J]. 上海农业学报 , 2004, 20(4):96–101.

[4] 江红英 , 陈中义 , 郝勇 . 喜旱莲子草生理生态特性研究进展 [J]. 安徽农业科学 , 2007, 35(22):6721–6722, 6724.

[5] 陈燕丽 , 陈中义 . 陆生型空心莲子草根的生长动态研究 [J]. 江西农业学报 , 2011,23(2): 111–114.

[6] 张朝贤 , 胡祥恩 , 钱益新 , 等 . 江汉平原麦田杂草调查 [J]. 植物保护 , 1998, 24(3): 14–16.

[7] 强胜 . 杂草学 (第 2 版)[M]. 北京 : 中国农业出版社 , 2009: 261–263.

（原文发表于《杂草科学》，2015，33(2):48-51.）

达州市烟田杂草种类及群落数量分析

周小刚[1]，杨兴有[2]，阳苇丽[2]，尹宏博[2]，周开绪[2]，何正川[2]，
严占勇[2]，魏建钧[2]，侯涛[2]，杨吉光[2]，赵浩宇[1*]

（1. 四川省农业科学院植物保护研究所 / 农业部西南作物有害生物综合治理重点实验室，四川成都 610066；2. 四川省烟草公司达州市公司，四川达州 635000）

摘　要：采用杂草优势度七级目测法对达州市烟田杂草的种类、危害程度和群落特点进行了调查。结果表明，达州市烟田杂草共有36科127种，其中优势杂草为马唐和空心莲子草。根据草害综合指数进行聚类分析，杂草群落可分为"马唐＋尼泊尔蓼＋空心莲子草＋看麦娘＋繁缕＋酸模叶蓼＋水蓼"和"马唐＋空心莲子草＋铁苋菜＋光头稗＋无芒稗＋牛筋草"两个聚类群。主成分分析结果表明第II聚类群的各杂草种在群落中的分布更集中，且优势杂草间相关性更高。

关键词：达州；烟田；杂草群落；聚类分析；主成分分析

中图分类号：S451.1

Weed species and community quantitative analysis in tobacco fields in Dazhou

Zhou Xiaogang[1], Yang Xingyou[2], Yang Weili[2], Yin Hongbo[2], Zhou Kaixu[2],He Zhengchuan[2],
Yan Zhanyong[2], Wei Jianjun[2], Hou Tao[2], Yang Jiguang[2], Zhao Haoyu[1*]

（1. Key Laboratory of Integrated Pest Management on Crops in Southwest, Ministry of Agriculture, Institute of Plant Protection, Sichuan Academy of Agricultural Science, Chengdu 610066, China; 2. Dazhou Tobacco Company of Sichuan Province, Dazhou, Sichuan 635000, China）

Abstract: Species, harm and distribution characteristics of weeds in tobacco fields in Dazhou were determined by a seven-point scale through weed dominance visualization. The results showed

---

基金项目：四川省烟草专卖局科技项目（201302004）。
主要作者简介：周小刚（1970–），男，副研究员，主要从事杂草学及除草剂使用技术研究。E–mail: weed1970@aliyun.com。
* 通信作者：赵浩宇（1986–），男，博士，助理研究员，主要从事植物保护相关研究。E–mail: zigzagipp@hotmail.com。

that there were 166 weed species in 36 families, and the dominant weeds were *Digitaria sanguinalis* and *Alternanthera philoxeroides*. Hierarchical cluster analysis implied that weed communities could be divided into two groups, "*Digitaria sanguinalis* + *Polygonum nepalense* + *Alternanthera philoxeroides* + *Alopecurus aequalis* + *Stellaria media* + *Polygonum lapathifolium* + *Polygonum flaccidum*" and "*Digitaria sanguinalis* + *Alternanthera philoxeroides* + *Acalypha australis* + *Echinochloa colonum* + *Echinochloa crusgalli* + *Eleusine indica*" based on the comprehensive infestation indices. According to the principal component analysis, the correlation between weed species in group II was higher than that in group I, and the weed species were concentrated in three directions.

Keywords: Dazhou; tobacco field; weed community; hierarchical cluster; principal component analysis

烟草是我国重要的经济作物，烟田杂草与烟草争夺水、肥、光照等生态资源，并传播病虫害，已经成为影响烟草生产的主要因素之一[1]。四川省烟草种植面积大，且地形复杂、气候多变，导致烟田杂草种类繁多，区域性较强，在开展杂草防控工作之前，应明确本地杂草的群落组成和杂草间相关性，从而进行有针对性的防除。达州市是四川省的烟草主产区之一，近年来烟草种植面积不断扩大，烟田除草剂使用强度逐年增加，但有关烟田杂草群落结构和危害现状的研究尚欠缺。因此，本研究针对达州主要产烟地烟田杂草的种类和群落特点进行了调查，对杂草群落结构进行数量分析，以期为该地区烟田杂草的综合治理提供理论基础与技术支撑。

1　材料与方法

1.1　研究地区概况和样点分布

杂草群落的调查范围为东经 107° 70′ ~108° 07′，北纬 31° 11′ ~32° 07′，海拔 800~1 000m，属亚热带季风气候，四季分明，年降水量 1 100mm 左右，水热条件良好，适合烟草生长。调查地点包括宣汉、开江、万源 3 个县市 8 个乡镇有代表性的烟草田，为达州市烟草主产区。

1.2　调查方法和数据分析

田间调查于 2013、2014 年两年的 5~6 月进行，采用倒置“W”九点取样法[2,3]，调查每个样点内的杂草种类和株数，以杂草优势度七级目测法观察记录每种杂草的危害级别值，共调查 21 个田块 189 个样点，每个样点面积为 1m^2。

杂草的田间频率计算公式为：

田间频率 = 某种杂草出现的田块数 / 总田块数 ×100%

草害综合指数（Comprehensive infestation index, CII）[4] 计算公式为：

草害综合指数 = Σ各样方杂草优势度级别值 ×100% / (5× 总样方数)

使用 SPSS 19.0 系统聚类分析法对杂草群落的相似性进行分析，聚类方法为组间均连法，测度使用 Euclidean 平方距离。使用 CANOCO 4.5 进行群落主成分分析（principal components analysis, PCA）[5]，考察群落内杂草间的相关性，空心圆点代表调查田块，箭头射线代表杂草物种。射线间夹角代表物种间的相关性，两种杂草发生危害的相关性越高，则其夹角越小。

2 结果与分析

2.1 达州市烟田杂草种类

调查区域内的烟草田以水旱轮作种植模式为主，兼有少量旱作。经调查鉴定[6, 7]，达州市烟田杂草共有 127 种，分属 36 科，97 属（表 1）。其中包含杂草种类最多的科为菊科，含杂草 28 种；其次为禾本科，19 种，该类杂草危害最重，草害综合指数之和达到 48.25%；其他杂草种类较多的科有莎草科 9 种、蓼科 7 种、唇形科 6 种、玄参科 5 种及苋科、石竹科、十字花科各 4 种。

表 1 达州市烟田杂草种类

Table 1 Weed species infested in tobacco fields in Dazhou

科名 Family	杂草种类 Weed species
木贼科 Equisetaceae	节节草 *Equisetum ramosissimum* Desf.
蘋科 Marasileaceae	四叶蘋 *Marsilea quadrifolia* L.
爵床科 Acanthaceae	爵床 *Rostellularia procumbens*（L.）Nees
苋科 Amaranthaceae	牛膝 *Achyranthes bidentata* BL.、空心莲子草 *Alternanthera philoxeroides*（Mart.）Griseb、凹头苋 *Amaranthus lividus* L.、反枝苋 *Amaranthus retroflexus* L.
紫草科 Boraginaceae	柔弱斑种草 *Bothriospermum tenellum*（Hornem.）Fisch. Et Mey.、附地菜 *Trigonotis peduncularis*（Trev.）Benth.
桔梗科 Campanulaceae	半边莲 *Lobelia chinensis* Lour.
石竹科 Caryophyllaceae	簇生卷耳 *Cerastium caespitosum* Gilib.、漆姑草 *Sagina japonica* (S.W.) Ohwi、雀舌草 *Stellaria alsine* Grimm.、繁缕 *Stellaria media* (L.) Cyr.
藜科 Chenopodiaceae	藜 *Chenopodium album* L.、小藜 *Chenopodium serotinum* L.

续表

科名 Family	杂草种类 Weed species
菊科 Compositae	胜红蓟 *Ageratum conyzoides* L.、黄花蒿 *Artemisia annua* L.、艾蒿 *Artemisia argyi* Levl. Et Vant.、鬼针草 *Bidens bipinnata* L.、小花鬼针草 *Bidens parviflora* Willd.、三叶鬼针草 *Bidens pilosa* L.、狼把草 *Bidens tripartita* L.、天名精 *Carpesium abrotanoides* L.、石胡荽 *Centipeda minima* (L.) A.Br. Et Ascher.、刺儿菜 *Cirsium segetum* Bge.、小飞蓬 *Conyza canadensis* (L.) Cronq.、野茼蒿 *Crassocephalum crepidioides* S. Moore 、鳢肠 *Eclipta prostrata* L. [E.alba （L.） Hassk.]、一年蓬 *Erigeron annuus* (L.) Pers.、辣子草 *Galinsoga parviflora* Cav.、鼠麹草 *Gnaphalium affine* D. Don、多茎鼠麹草 *Gnaphalium polycaulon* Pers.、泥胡菜 *Hemistepta lyrata* Bge.、苦菜 *Ixeris chinensis* (Thunb.) Nakai、马兰 *Kalimeris indica* (L.) Sch.–Bip.、山萵苣 *Lactuca sibirica* (L.) Benth. ex Maxim.、紫苑 *Michaelmas daisy* L.、腺梗豨莶 *Sigesbeckia pubescens* Makino、苣荬菜 *Sonchus brachyotus* DC.、苦苣菜 *Sonchus oleraceus* L.、蒲公英 *Taraxacum mongolicum* Hand.–Mazz.、苍耳 *Xanthium sibiricum* Patrin.、黄鹌菜 *Youngia japonica* (L.) DC.
景天科 Crassulaceae	珠芽景天 *Sedum bulbiferum* Makino、垂盆草 *Sedum sarmentosum* Bunge
十字花科 Cruciferae	荠菜 *Capsella bursa-pastoris* Medic.、碎米荠 *Cardamine hirsuta* L.、野芥菜 *Raphanus raphanistrum* L.、无瓣焊菜 *Rorippa dubia* (Pers.) Hara
大戟科 Euphorbiaceae	铁苋菜 *Acalypha australis* L.、地锦 *Euphorbia humifusa* Willd.、叶下珠 *Phyllanthus urinaria* L.
牻牛儿苗科 eraniaceae	野老鹳草 *Geranium carolinianum* L.
唇形科 Labiatae	风轮菜 *Clinopodium chinense* (Benth.) O.Ktze.、剪刀草 *Clinopodium gracile* (Benth.) Matsum.、地笋 *Lycopus lucidus* Turcz.、野薄荷 *Mentha haplocalyx* Briq.、紫苏 *Perilla frutescens* (L.) Britt.、夏枯草 *Prunella vulgaris* L.
豆科 Leguminosae	截叶铁扫帚 *Lespedeza cuneata* (Dum.–Cours.) G.Don、大巢菜 *Vicia sativa* L.
千屈菜科 Lythraceae	节节菜 *Rotala indica* (Willd.) Koehne
柳叶菜科 Onagraceae	丁香蓼 *Ludwigia prostrata* Roxb.
酢浆草科 Oxalidaceae	酢浆草 *Oxalis corniculata* L.
商陆科 Phytolaccaceae	美洲商陆 *Phytolacca Americana* L.
车前科 Plantaginaceae	车前 *Plantago asiatica* L.
蓼科 Polygonaceae	何首乌 *Fallopia multiflora* (Thunb.) Haraldson、水蓼 *Polygonum flaccidum* Meism.、蚕茧蓼 *Polygonum japonicum* Meisn.、酸模叶蓼 *Polygonum lapathifolium* L.、绵毛酸模叶蓼 *Polygonum lapathifolium* L.var.*salicifolium* Sibth、尼泊尔蓼 *Polygonum nepalense* Meisn.、杠板归 *Polygonum perfoliatum* L.

续表

科名 Family	杂草种类 Weed species
报春花科 Primulaceae	过路黄 *Lysimachia christinate* Hance
毛茛科 Ranunculaceae	毛茛 *Ranunculus japonicus* Thunb.、石龙芮 *Ranunculus sceleratus* L.、扬子毛茛 *Ranunculus sieboldii* Miq.
蔷薇科 Rosaceae	蛇莓 *Duchesnea indica* (Andr.) Focke、萎陵菜 *Potentilla chinensis* Ser.
茜草科 Rubiaceae	猪殃殃 *Galium aparine* L. var. *tenerum* (Gren.et Godr.) Rcbb、茜草 *Rubia cordifolia* L.
玄参科 Scrophulariaceae	宽叶母草 *Lindernia nummularifolia* (D.Don) Wettst.、陌上菜 *Lindernia procumbens* (Krock.) Philcox、通泉草 *Mazus pumilus* (Burm.f) V. Steenis、紫色翼萼 *Torenia violacea* (Azaola) Pennell、婆婆纳 *Veronica didyma* Tenore
茄科 Solanaceae	苦蘵 *Physalis angulata* L.、龙葵 *Solanum nigrum* L.
伞形科 Umbelliferae	天胡荽 *Hydrocotyle sibthorpioides* Lam.、水芹 *Oenanthe javanica* (Bl.) DC.
荨麻科 Urticaceae	糯米团 *Memorialis hirta* (Bl.) Wedd.、冷水花 *Pilea notata* C. H. Wright
马鞭草科 Verbansceae	马鞭草 *Verbena officinalis* L.
堇菜科 Violaceae	犁头草 *Viola japonica* Langsd.
天南星科 Araceae	半夏 *Pinellia ternate* (Thunb.) Breit.
鸭跖草科 Commelinaceae	饭包草 *Commelina benghalensis* L.、鸭跖草 *Commelina communis* L.
莎草科 Cyperaceae	扁穗莎草 *Cyperus cpmpressus* L.、异型莎草 *Cyperus difformis* L.、褐穗莎草 *Cyperus fuscus* L.、碎米莎草 *Cyperus iria* L.、香附子 *Cyperus rotundus* L.、荸荠 *Eleocharis dulcis* (Burm. f.) Trin.、牛毛毡 *Eleocharis yokoscensis* (Fr.et Sav.) Tang et Wang、日照飘拂草 *Fimbristylis miliacea* (L.) Vahl、水蜈蚣 *Kyllinga brevifolia* Rottb.
禾本科 Gramineae	看麦娘 *Alopecurus aequalis* Sobol.、日本看麦娘 *Alopecurus japonicus* Steud.、荩草 *Arthraxon hispidus* (Thunb.) Makino、狗牙根 *Cynodon dactylon* (L.) Pers.、马唐 *Digitaria sanguinalis* (L.) Scop.、光头稗 *Echinochloa colonum* (L.) Link、无芒稗 *Echinochloa crusgalli* (L.) Beauv.var. *mitis* (Pursh) Peterm.、牛筋草 *Eleusine indica* (L.) Gaertn.、画眉草 *Eragrostis pilosa* (L.) Beauv.、白茅 *Imperata cylindrica* (L.) Beauv.、虮子草 *Leptochloa panacea* (Retz.) Ohwi、双穗雀稗 *Paspalum distichum* L.、雀稗 *Paspalum thunbergii* Kunth、早熟禾 *Poa annua* L.、棒头草 *Polypogon fugax* Nees ex Steud.、鹅冠草 *Roegmeria kamoji* Ohwi、金色狗尾草 *Setaria glauca* (L.) Beauv.、狗尾草 *Setaria viridis* (L.) Beauv.、鼠尾粟 *Sporobolus fertilis* (Steud.) W.D. Clayt.
灯芯草科 Juncaceae	小灯芯草 *Juncus bufonius* L.

2.2 杂草群落系统聚类分析结果

以各调查田块主要杂草的草害综合指数构成矩阵进行系统聚类分析，结果显示依照杂草群落结构特点的差异，所调查的21个田块可以分为2个聚类群，第I聚类群由编号1~2和7~9的5个田块组成，占调查田块总数的23.81%；第Ⅱ聚类群由编号3~6和10~21的16个田块组成，占调查田块总数的76.19%（图1）。从地理位上来看，第I聚类群中的成员全部位于宣汉县，第II聚类群中的成员则在宣汉、开江、万源地区均有分布。

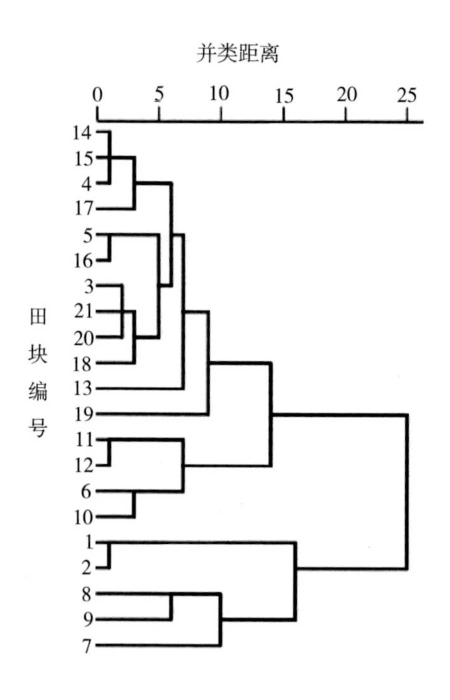

图1 烟田杂草群落相似性分析

Fig. 1 The similarity measurement of weed community in tobacco fields by hierarchical cluster

由表2所示，第I聚类群中发生频率最高的杂草为马唐、光头稗、尼泊尔蓼、铁苋菜、看麦娘和酸模叶蓼，达到100%，草害综合指数较大的杂草有马唐、尼泊尔蓼、空心莲子草、看麦娘、酸模叶蓼。第II聚类群中发生频率较高的杂草有马唐、铁苋菜、空心莲子草、丁香蓼、牛筋草、鳢肠，草害综合指数较高的杂草有马唐、空心莲子草、光头稗、铁苋菜、牛筋草。整体来看，达州烟区发生频率高于60%的烟田杂草有马唐、铁苋菜、空心莲子草、丁香蓼和光头稗，草害综合指数大于5%的杂草有马唐、空心莲子草、光头稗、尼泊尔蓼和铁苋菜，其中马唐和空心莲子草是该地区危害最重的杂草。

表 2　主要烟田杂草危害状况

Table 2　Harm of weeds in tobacco fields in Dazhou

编号	杂草种类	聚类群 I		聚类群 II		合计	
		频率（%）	草害综合指数（%）	频率（%）	草害综合指数（%）	频率（%）	草害综合指数（%）
a	马唐	100	46.17	93.75	23.06	95.24	29.95
b	空心莲子草	60.00	18.35	75.00	11.37	71.43	13.45
c	光头稗	100	3.81	50.00	10.14	61.90	8.26
d	尼泊尔蓼	100	22.46	37.50	1.92	52.38	8.04
e	铁苋菜	100	2.40	87.50	6.48	90.48	5.26
f	看麦娘	100	10.32	6.25	0.81	28.57	3.67
g	丁香蓼	60.00	5.70	68.75	2.16	66.67	3.22
h	繁缕	80.00	7.13	31.25	0.79	42.86	2.68
i	牛筋草	20	0.43	68.75	3.43	52.38	2.57
j	无芒稗	40	1.10	50.00	3.11	38.10	2.52
k	通泉草	60.00	1.78	50.00	2.82	52.38	2.51
l	水蓼	40.00	3.76	56.25	1.13	52.38	1.91
m	碎米荠	80.00	2.44	37.50	1.56	47.62	1.88
n	香附子	60.00	1.72	50.00	1.91	33.33	1.86
o	酸模叶蓼	100	5.44	25.00	0.33	42.86	1.85
p	车前	100	3.18	75.00	1.16	80.95	1.64
q	小飞蓬	80	1.55	62.50	1.02	66.67	1.16
r	垂盆草	40.00	0.34	43.75	1.29	42.86	1.03
s	藜	40.00	0.19	37.50	1.31	38.10	1.01

2.3　杂草群落主成分分析结果

对聚类群 I 的杂草群落进行 PCA（图 2A），第一主成分和第二主成分的方差百分比分别为 81.8% 和 12.3%，累计方差百分比达到 94.1%。从杂草群落 PCA 排序图可知马唐、尼泊尔蓼、无芒稗、车前、小飞蓬、垂盆草和藜这 7 种杂草分布相对集中，这些杂草在当地烟田中发生危害的伴随性很强，其草害综合指数之和为 74.99%。其他杂草则在排序图各个方向上分布较为平均，实际田间发生的相关性不高。

对聚类群 II 的杂草群落进行 PCA（图 2B），第一主成分和第二主成分的方差百分比分别为 28.3% 和 23.3%，累计方差百分比为 51.6%。杂草群落 PCA 排序图中，各杂草主要集中分布在 3 个方向，第一个方向中相关度较高的杂草种类有马唐、光头稗、铁苋菜、无芒稗、香附子和小飞蓬，这些杂草的草害综合指数之和为 45.72%；第二个方向中相关度较高的杂草种类有空心莲子草、丁香蓼、繁缕、牛筋草和碎米荠，其草害综合指数之和为 19.31%；第三个方向中相关度较高的杂草种类有尼泊尔蓼、看麦娘、通泉草、水蓼、酸模叶蓼、垂盆草和藜，这些杂草的草害综合指数之和为 9.61%。

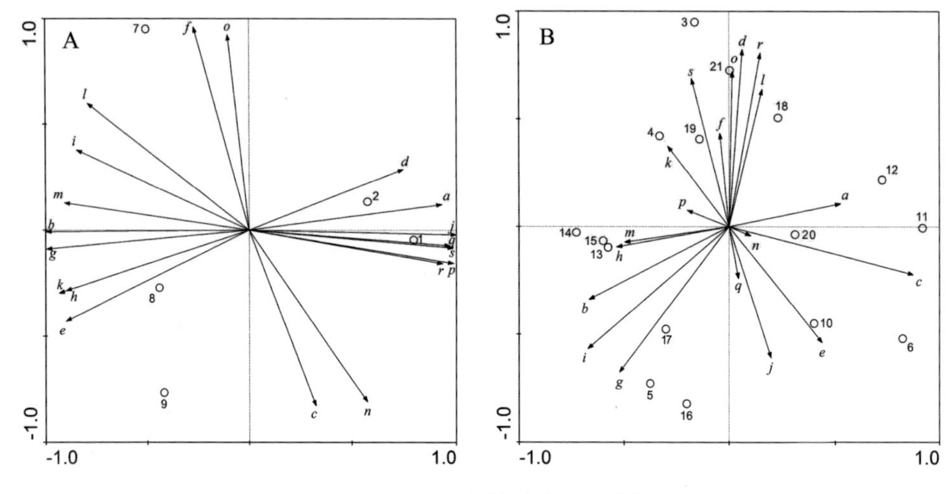

图 2　不同地区杂草群落 PCA 排序图

Fig. 2　PCA ordination graph of weed community in different regions

3　结论与讨论

通过调查达州市烟草主产区宣汉、开江、万源 3 地的烟田杂草群落，结果表明：①达州市烟田杂草共有 127 种，其中恶性杂草为马唐和空心莲子草，在各地均危害严重。②不同地区间相同种类的杂草较多，但优势杂草的分布则呈现出一定的地域差异和相关性。根据这种结构特性进行聚类分析，达州市烟田杂草群落可分为 2 种类型，第 I 聚类群集中于宣汉县，优势杂草包括马唐、尼泊尔蓼、空心莲子草、看麦娘和繁缕，其中无芒稗、车前、小飞蓬、垂盆草和藜这 5 种杂草发生危害的相关性很高；第 II 聚类群包含开江、万源以及宣汉部分地区，优势杂草包括马唐、空心莲子草、光头稗、铁苋菜、牛筋草和无芒稗，其中马唐、铁苋菜、光头稗、无芒稗之间相关性较高。造成两个聚类群之间差异的可能原因是轮作方式的不同，第 II 聚类群所含区域内的部分烟田实施水旱轮作，导致光头稗、无芒稗、通泉草等喜湿性杂草种群数量上升，而第 I 聚类群均为旱作烟田，这些田块中尼泊尔蓼、水蓼、酸模叶蓼等杂草优势度较大。

人类活动对农田生态系统有着广泛而深入的影响，杂草种群的形成和分布是自然地理环境、作物种植模式、杂草管理方式、外来植物入侵等多种因素长期交互作用的结果[8~10]，加强杂草群落调查分析与长期监测有着重要的生态意义。本次调查的结果基本上反映了达州市烟田杂草群落的实际情况，在明确当地杂草危害现状及群落特征的基础上，各地区需因地制宜采取相应的杂草治理措施。针对以马唐、光头稗、无芒稗等一年生禾本科杂草为主的烟田，可采取芽前喷施选择性除草剂加以控制；针对单双子叶杂草混生，且多年生杂草危害较重的烟田，可使用草甘膦等灭生性除草剂定向喷雾进行防除。

参考文献

[1] 赵浩宇，朱建义，刘胜男，等．烟田杂草防除研究进展 [J]. 杂草科学，2013, 31(3): 1–7.

[2] Thomas AC. Weed survey system used in Saskatchewan for cereal and oilseed crops [J]. Weed Science, 1985, 33: 34–43.

[3] 张朝贤，胡祥恩，钱益新，等．江汉平原麦田杂草调查 [J]. 植物保护，1998, 24(3): 14–16.

[4] 强胜．杂草学 (第 2 版)[M]. 北京：中国农业出版社，2009: 261–263.

[5] Jolliffe IT. Principal component analysis [M]. 2nd. Ed. New York: Springer, 2002.

[6] 王枝荣．中国农田杂草原色图谱 [M]. 北京：中国农业出版社，1990.

[7] 周小刚，张辉．四川农田常见杂草原色图谱 [M]. 成都：四川科学技术出版社，2006.

[8] Barberi P, Cozzani A, Macchia M, et al. Size and composition of the weed seedbank under different management systems for continuous maize cropping [J]. Weed Research, 1998, 38(5): 319–334.

[9] Anderson RL, Stymiest CE, Swan BA, et al. Weed community response to crop rotations in Western South Dakota [J]. Weed Technology, 2007, 21(1): 131–135.

[10] 魏守辉，张朝贤，翟国英，等．河北省玉米田杂草组成及群落特征 [J]. 植物保护学报，2006, 33(2): 212–218.

（原文发表于《杂草学报》，2016，34（2）：12-16.）

四川省攀西烟田杂草种类、危害及出苗规律研究

朱建义[1]，李斌[2]，曾庆宾[3]，张瑞平[3]，曾宗良[4]，王勇[5]，周小刚[1*]

[1. 四川省农业科学院植物保护研究所 / 农业部西南作物有害生物综合治理重点实验室，四川成都　610066; 2. 四川省烟草专卖局 (公司), 四川成都　610041; 3. 四川省烟草公司攀枝花市公司，四川攀枝花　617026; 4. 四川省烟草公司攀枝花市公司米易县分公司，四川米易　617200；5. 四川省烟草公司凉山州公司，四川西昌　615000]

摘　要：2013、2014 年采用倒置“W”9 点取样法和七级目测法，调查了攀西烟田杂草发生的种类和危害状况；同时采用田间定点调查法研究了烟田杂草的出苗规律。结果表明，攀西烟田杂草共有 30 科 75 属 115 种，根据相对多度和综合危害指数，最主要的杂草有尼泊尔蓼、马唐、酸模叶蓼、辣子草、光头稗、藜等；烟田杂草有两个出苗高峰，一个在烟草移栽后 20 ~ 30d，一个在烟草揭膜培土后 1 ~ 10d，其中以第一个出苗高峰为主。

关键词：攀西；烟田；杂草；种类；危害；出苗

Study on Species, Damage and emergence characteristics of Weeds in Tobacco Fields in Panxi of Sichuan Province

ZHU Jianyi[1]，LI Bin[2]，ZENG Qingbin[3]，ZHANG Ruiping[3]，ZENG Zongliang[4]，WANG Yong[5]，ZHOU Xiaogang[1*]

（1. Institute of Plant Protection, Sichuan Academy of Agricultural Science ,Key Laboratory of Integrated Pest Management on Crops in Southwest, Ministry of Agriculture , Chengdu 610066, Sichuan, China; 2. Sichuan Tobacco Monopoly Administration, Chengdu 610041, Sichuan, China; 3.Panzhihua Branch Company,Sichuan Tobacco Corporation,Panzhihua 617026, Sichuan, China; 4.Miyi County Branch of Sichuan Province,Miyi617200, Sichuan,China; 5.Liangshan Branch Company,Sichuan Tobacco Corporation,Xichang 615000, Sichuan,China）

Abstract: Species and damage status of weeds in tobacco fields in Panxi of Sichuan province

基金项目：四川省烟草公司科技项目【编号 201302004】。

主要作者简介：朱建义 (1980–)，男，助研，主要从事杂草学及除草剂使用技术研究。E–mail: zhujianyi88@163.com。

* 通讯作者：周小刚（1970–），男，副研究员，E–mail: weed1970@aliyun.com。

were investigated by using inverted "W" 9-point sampling method and senven visual method in 2013 and 2014. And emergence characteristics of weeds were surveyed by field tened-point investigation. The results showed that there were 115 weed species in 75 genera belonging to 30 families. According to relative abundance and comprehensive weed damage index, the major noxious weed species included *Polygonum nepalense Meisn*. *Digitaria sanguinalis* (L.) Scop. *Polygonum lapathifolium* L. *Galinsoga parviflora* Cav. *Echinochloa colonum* (L.) Link *Chenopodium album* L. and so on. There was two emergence fastigium of weeds in tobacco fields. One was in 20~30 days after tobacco transplanting, which emergence fastigium was major. And the other was in 1~10 days after film uncovering and hilling.

Key words: Panxi; tobacco field; weed; species; damage; emergence

攀西地区（凉山彝族自治州和攀枝花）是全国烤烟的重要产区，其良好的水热条件不仅有利于烤烟的生长，也利于杂草的繁衍。攀西烟区在烤烟生长季节温度高、降雨量大，杂草的发生和危害已成为烤烟生产中的突出问题，在很大程度上影响了攀西烤烟的产量和品质。我国烟草主要产区云南、贵州、广东、湖北、辽宁、江苏等地均已开展过烟田杂草种类与危害方面的调查[1~12]，但目前攀西地区烟田杂草种类与危害状况尚未见相关报道。本研究通过对攀西烟田杂草发生与危害现状及出苗规律进行调查，摸清杂草的种类、种群特点和出苗规律，为有针对性地筛选化学除草配方和烟田杂草综合治理提供依据。

1 材料与方法

1.1 调查地点

在烟草生育期，2013、2014 年连续两年在攀西主要烟区盐源、会理、会东、冕宁、德昌、西昌、米易、盐边、仁和 9 县（区），选择具有代表性的乡镇和行政村进行调查，共调查 22 个乡镇 41 个村 135 块烟田。

2013 年，分别在凉山彝族自治州（以下简称凉山州）冕宁县回龙乡石古村和攀枝花市米易县草场乡碗厂村定田进行烟田杂草出苗规律调查。

1.2 调查方法

1.2.1 烟田杂草种类和危害调查

以对角线 5 点取样法选定田块，每块田采用倒置"W"9 点取样法取样[13~14]，每个样点面积 $1m^2$。采用七级目测法[15]，观察、鉴定[16~17]并记录杂草的种类和危害级值。按下面所列方法计算出相应参数的数值，进行统计分析。

田间均度（U）= 杂草出现的样点次数 / 调查总样方数 ×100%

田间频率（F）= 杂草出现的田块数 / 调查总田块数 ×100%

田间密度（MD）= 杂草在各调查田块的平均密度之和 / 调查田块数

相对均度（RU）、相对频率（RF）、相对密度（RD）分别以某种杂草的均度、密度、频率与各种杂草的均度、密度、频率和之比。

相对多度（RA）= 某种杂草的相对均度 + 相对频率 + 相对密度

综合草害指数（CI）= Σ（级别值 × 该级别出现的田块数）×100%/（5×总样点数）

1.2.2 烟田杂草出苗规律调查

烟苗移栽后，田间定点 10 点，每点 $1m^2$，每 10 天调查一次，记录杂草发生种类和株数，每次调查后拔除已出苗杂草，直至烟草封行后停止调查。

2 结果

2.1 攀西烟田杂草种类

攀西烟田杂草共有 115 种，分属 30 科 75 属（表 1），其中菊科 25 种，占 21.74%；禾本科 15 种，占 13.04%；蓼科 8 种，占 6.96%；十字花科和玄参科各 6 种，分别占 5.22%；莎草科和唇形科各 5 种，分别占 4.35%；苋科和豆科各 4 种，分别占 3.48%；木贼科和茄科各 3 种，分别占 2.61%；紫草科、石竹科、旋花科、大戟科、毛茛科、伞形科、鸭跖草科各 2 种，分别占 1.74%；景天科、千屈菜科、锦葵科、柳叶菜科、酢浆草科、车前科、蔷薇科、茜草科、荨麻科、马鞭草科、堇菜科各 1 种，分别占 0.87%。一年生或越年生杂草 88 种，占 76.52%，多年生杂草 27 种，占 23.48%。

2.2 攀西烟田杂草危害

对攀西烟区 115 种杂草的相对均度、相对频率、相对密度进行分析（表 2），结果表明：相对均度较大的杂草有马唐、酸模叶蓼、尼泊尔蓼、辣子草、藜、香附子、光头稗等；相对频率较大的杂草有马唐、尼泊尔蓼、酸模叶蓼、辣子草、光头稗、藜等；相对密度较大的杂草有尼泊尔蓼、马唐、辣子草、繁缕、牛筋草、酸模叶蓼、藜等。结合相对多度和综合草害指数，危害较重的杂草有尼泊尔蓼、马唐、酸模叶蓼、辣子草、光头稗、藜等，其中以尼泊尔蓼、马唐、酸模叶蓼、辣子草的危害最为严重。攀西烟区烟田杂草群落组成主要有：马唐 + 水蓼 + 辣子草 + 酸模叶蓼；马唐 + 光头稗 + 胜红蓟 + 水蓼 + 问荆；马唐 + 牛筋草 + 藜 + 香附子；小藜 + 野燕麦 + 光头稗 + 问荆；辣子草 + 鼠曲 + 野芥菜 + 香附子等。

2.3 烟田杂草出苗规律

由图 1 可看出，凉山州烟田杂草的出苗高峰有两个：第一个在 5 月上旬至 5 月中旬，即烟苗移栽后 20 ~ 30d；第二个在 6 月上旬，即烟草揭膜培土后 1 ~ 10d。其中以第一个高峰为主，占总出苗数的 67%。从 5 月上旬开始，酸模叶蓼、尼泊尔蓼开始大量发生，5 月中旬后发生量逐渐减少，而辣子草、苦荞麦、马唐、早熟禾等杂草发生相对较多。揭膜培土后，辣子草和马唐出现第二个出苗高峰，而其余杂草发生量显著下降。

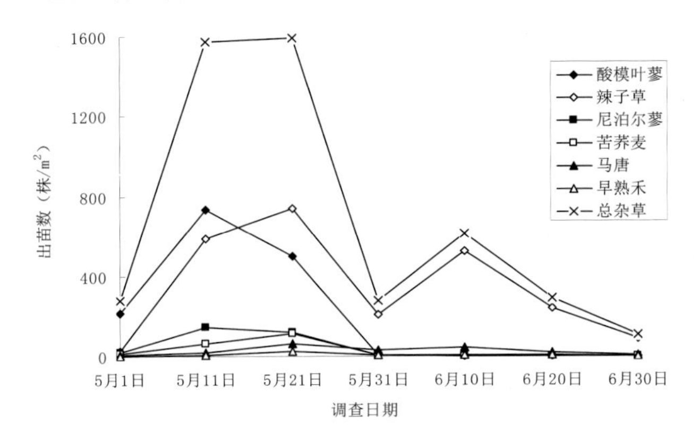

图 1　凉山州烟田杂草出苗规律（2013 年）

Figure1　Emergence characteristics of weeds in tobacco fields in Liangshan(2013 year)

由图 2 可看出，攀枝花市烟田杂草的出苗高峰有两个：第一个在 5 月中旬，即烟草移栽后 20d；第二个在 6 月中旬，即烟草揭膜培土后 1 ~ 10d。在第一个出苗高峰期主要杂草均大量发生，而在第二个出苗高峰期只有辣子草、马唐、香附子发生量较大。

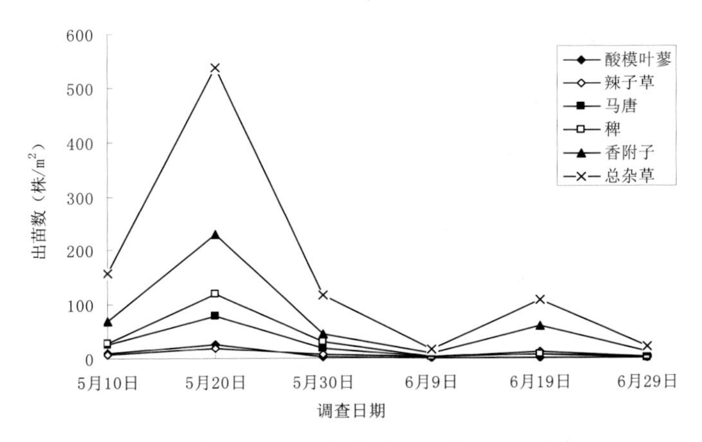

图 2　攀枝花市烟田杂草出苗规律（2013 年）

Figure2　Emergence characteristics of weeds in tobacco fields in Panzhihua(2013 year)

表1 攀西烟田杂草种类

Table1 Species of weeds in tobacco fields in Panxi

科名 Family	杂草名称 Weed species
木贼科 Equisetaceae	问荆 *Equisetum arvense* L.、笔管草 *Equisetum debile* Roxb.、散生木贼 *Equisetum diffusum* Don
苋科 Amaranthaceae	空心莲子草 *Alternanthera philoxeroides* (Mart.) Griseb、凹头苋 *Amaranthus lividus* L.、反枝苋 *Amaranthus retroflexus* L.、千穗谷 *Amaranthus hypochondriacus* L.
紫草科 Boraginaceae	柔弱斑种草 *Bothriospermum tenellum* (Hornem.) Fisch. Et Mey.、附地菜 *Trigonotis peduncularis* (Trev.) Benth.
石竹科 Caryophyllaceae	大爪草 *Spergula arvensis* L.、繁缕 *Stellaria media* (L.) Cyr.
藜科 Chenopodiaceae	藜 *Chenopodium album* L.、土荆芥 *Chenopodium ambrosioides* L.、杖藜 *Chenopodium gigantuem* D.Don、小藜 *Chenopodium serotinum* L.、地肤 *Kochia scoparia* (L.) Schrad.
菊科 Compositae	胜红蓟 *Ageratum conyzoides* L.、黄花蒿 *Artemisia annua* L.、艾蒿 *Artemisia argyi* Levl. Et Vant.、猪毛蒿 *Artemisia scoparia* Waldst. Et Kir.、鬼针草 *Bidens bipinnata* L.、三叶鬼针草 *Bidens pilosa* L.、刺儿菜 *Cirsium segetum* Bge.、野塘蒿 *Conyza bonariensis* (L.) Cronq.、小飞蓬 *Conyza canadensis* (L.) Cronq.、野茼蒿 *Crassocephalum crepidioides* S.Moore、鱼眼草 *Dichrocephala auriculata* (Thunb.) Druce、小鱼眼草 *Dichrocephala benthamii* C.B. Clarke、鳢肠 *Eclipta prostrata* L. [E.alba (L.) Hassk.]、紫茎泽兰 *Eupatorium coelestinum* L.、辣子草 *Galinsoga parviflora* Cav.、睫毛牛膝菊 *Galinsoga ciliata* (Raf.) S.F.Blake、鼠麴草 *Gnaphalium affine* D. Don、多茎鼠麴草 *Gnaphalium polycaulon* Pers.、马兰 *Kalimeris indica* (L.) Sch.-Bip.、山莴苣 *Lactuca sibirica* (L.) Benth. ex Maxim.、腺梗豨莶 *Sigesbeckia pubescens* Makino、苣荬菜 *Sonchus brachyotus* DC.、苦苣菜 *Sonchus oleraceus* L.、蒲公英 *Taraxacum mongolicum* Hand.-Mazz.、苍耳 *Xanthium sibiricum* Patrin.、黄鹌菜 *Youngia japonica* (L.) DC.
旋花科 Convolvulaceae	打碗花 *Calystegia hederacea* Wall.、圆叶牵牛 *Pharbitis purpurea* (L.) Voigt
景天科 Crassulaceae	垂盆草 *Sedum sarmentosum* Bunge
十字花科 Cruciferae	荠菜 *Capsella bursa-pastoris* Medic.、碎米荠 *Cardamine hirsuta* L.、野芥菜 *Raphanus raphanistrum* L.、风花菜 *Rorippa globosa* (Turcz. ex Fisch. & C.A. Mey.) Vassilcz.、印度蔊菜 *Rorippa indica* (L.) Hiern、遏蓝菜 *Thlaspi arvense* L.
大戟科 Euphorbiaceae	铁苋菜 *Acalypha australis* L.、白苞猩猩草 *Euphorbia heterophylla* L.
唇形科 Labiatae	香薷 *Elsholtzia ciliata* (Thunb.) Hyland.、密花香薷 *Elsholtzia densa* Benth.、紫苏 *Perilla frutescens* (L.) Britt.、夏枯草 *Prunella vulgaris* L.、荔枝草 *Salvia plebeia* R.Br.
豆科 Leguminosae	紫云英 *Astragalus sinicus* L.、小巢菜 *Vicia hirsuta* (L.) Gray、大巢菜 *Vicia sativa* L.、光叶紫花苕 *Vicia villosa* Roth. Var.
千屈菜科 Lythraceae	节节菜 *Rotala indica* (Willd.) Koehne

续表

科名 Family	杂草名称 Weed species
锦葵科 Malvaceae	冬葵 *Malva verticillata* L.
柳叶菜科 Onagraceae	丁香蓼 *Ludwigia prostrata* Roxb.
酢浆草科 Oxalidaceae	酢浆草 *Oxalis corniculata* L.
车前科 Plantaginaceae	车前 *Plantago asiatica* L.
蓼科 Polygonaceae	细柄野荞麦 *Fagopyrum gracilipes* (Hemsl.) Damm. ex Diels 、苦荞麦 *Fagopyrum tataricum* (L.) Gaertn.、水蓼 *Polygonum flaccidum* Meism.、酸模叶蓼 *Polygonum lapathifolium* L.、尼泊尔蓼 *Polygonum nepalense* Meisn.、杠板归 *Polygonum perfoliatum* L.、腋花蓼 *Polygonum plebeium* R.Br.、齿果酸模 *Rumex dentatus* L.
毛茛科 Ranunculaceae	石龙芮 *Ranunculus sceleratus* L.、扬子毛茛 *Ranunculus sieboldii* Miq.
蔷薇科 Rosaceae	萎陵菜 *Potentilla chinensis* Ser.
茜草科 Rubiaceae	猪殃殃 *Galium aparine* L. var. *tenerum* (Gren.et Godr.) Rcbb
玄参科 Scrophulariaceae	泥花草 *Lindernia antipoda* (L.) Alston、宽叶母草 *Lindernia nummularifolia* (D.Don) Wettst.、陌上菜 *Lindernia procumbens* (Krock.) Philcox、通泉草 *Mazus pumilus* (Burm.f) V. Steenis、紫色翼萼 *Torenia violacea* (Azaola) Pennell、阿拉伯婆婆纳 *Veronica persica* Poir.
茄科 Solanaceae	曼陀罗 *Datura stramonium* L.、苦蘵 *Physalis angulata* L.、龙葵 *Solanum nigrum* L.
伞形科 Umbelliferae	蛇床 *Cnidium monnieri* (L.) Cuss.、天胡荽 *Hydrocotyle sibthorpioides* Lam.
荨麻科 Urticaceae	雾水葛 *Pouzolzia zeylanica* (L.) Benn.
马鞭草科 Verbansceae	马鞭草 *Verbena officinalis* L.
堇菜科 Violaceae	犁头草 *Viola japonica* Langsd.
鸭跖草科 Commelinaceae	饭包草 *Commelina benghalensis* L.、鸭跖草 *Commelina communis* L.
莎草科 Cyperaceae	扁穗莎草 *Cyperus cpmpressus* L.、砖子苗 *Cyperus cyperoides* (L.) Kuntze、异型莎草 *Cyperus difformis* L.、碎米莎草 *Cyperus iria* L.、香附子 *Cyperus rotundus* L.
禾本科 Gramineae	看麦娘 *Alopecurus aequalis* Sobol.、马唐 *Digitaria sanguinalis* (L.) Scop.、光头稗 *Echinochloa colonum* (L.) Link、稗 *Echinochloa crusgalli* (L.) Beauv.、无芒稗 *Echinochloa crusgalli* (L.) *Beauv.var. mitis* (Pursh) Peterm.、旱稗 *Echinochloa hispidula* (Retz.) Nees、牛筋草 *Eleusine indica* (L.) Gaertn.、牛鞭草 *Hemarthria altissima* (Poir.) Stapf et C. E. Hubb.、白茅 *Imperata cylindrica* (L.) Beauv.、双穗雀稗 *Paspalum distichum* L.、早熟禾 *Poa annua* L.、棒头草 *Polypogon fugax* Nees ex Steud.、金色狗尾草 *Setaria glauca* (L.) Beauv.、狗尾草 *Setaria viridis* (L.) Beauv.、鼠尾粟 *Sporobolus fertilis* (Steud.) W.D. Clayt.

表 2　攀西烟田杂草危害状况
Table2　Damage status of weeds in tobacco fields in Panxi

杂草名称	相对均度 RU(%)	相对频率 RF(%)	相对密度 RD(%)	相对多度 RA(%)	综合草害指数 CI(%)
尼泊尔蓼	5.67	8.80	10.46	24.93	10.88
酸模叶蓼	5.80	8.54	3.32	17.66	9.54
马唐	5.88	9.01	8.12	23.01	9.24
辣子草	5.43	7.39	6.44	19.26	8.24
光头稗	3.82	7.35	2.78	13.95	5.18
藜	4.19	5.94	3.14	13.27	3.64
水蓼	0.62	1.23	1.52	3.37	3.30
繁缕	2.22	2.24	4.47	8.93	1.94
无芒稗	3.58	4.02	2.81	10.41	1.66
牛筋草	3.45	3.19	3.63	10.27	1.10
空心莲子草	3.08	3.04	0.88	7.00	0.96
胜红蓟	2.47	2.79	2.25	7.51	0.84
鼠麴	1.97	1.85	2.12	5.94	0.82
打碗花	0.49	0.72	0.74	1.95	0.80
香附子	3.95	2.90	1.45	8.30	0.68

综合来看，攀西烟田杂草出苗表现出相同的规律性，即有两个出苗高峰：第一个在烟苗移栽后 20 ~ 30d，第二个在烟草揭膜培土后 1 ~ 10d。且以第一个高峰期为主，此时期为控草关键期；第二个高峰期因烟草后期生长迅速，杂草危害较轻，可以根据实际情况行间补施一次除草或不除草。

3　讨论

通过连续两年的普查，已基本摸清攀西烟区烟田杂草的主要种类和危害现状，调查表明攀西烟田杂草种类繁多，仍以一年生或越年生杂草为主，且具有一定的区域性。但因各地区烟田普遍采取化学防除或人工除草，再加上 2014 年攀西地区烟草生长前期的持续高温干旱影响，各烟区杂草发生和危害明显偏轻，使整体草相受到一定影响，导致调查得到的杂草危害程度与实际情况相比明显偏低。

因攀西烟区分布广泛、调查区域较广，此次调查侧重点在不同生态区域对杂草发生和危害的影响，辅以栽培方式、田间管理措施和轮作等影响因子考查。但由于烟田杂草的发生受地域性、土壤条件、栽培方式、气候条件、田间管理措施及轮作换茬等因素的综合影响，因此下一步应从生态区域、土壤条件、栽培方式、杂草管理措施、轮作换茬等方面入手，综合调查各因素对杂草发生和危害情况的影响，以明确攀西烟田杂草发生和危害现状。

摸清烟田杂草的出苗规律是对烟田杂草科学防除的前提和关键，本研究基本明确了攀西烟田杂草的出苗规律，即杂草主要发生在烟苗移栽后 20~30d，此为控草关键期,在此时期应因地制宜地对烟田杂草进行综合治理,以有效防除烟田杂草。

参考文献

[1] 罗战勇, 李淑玲, 谭铭喜 . 广东省烟田杂草的发生与分布现状调查 [J]. 广东农业科学, 2007,（5）: 59–63.

[2] 李树美 . 安徽省烟田杂草的分布与危害 [J]. 中国烟草学报, 1997,3（4）: 60–66.

[3] 韩云, 殷艳华, 王丽晶, 等 . 广东烟田主要杂草类型与不同轮作方式杂草种类调查 [J]. 广东农业科学, 2011（21）: 76–80.

[4] 叶照春, 陆德清, 杨雨环, 等 . 贵州省烤烟田杂草发生情况调查 [J]. 杂草科学, 2010（1）: 15–19.

[5] 徐爽, 崔丽, 晏升禄, 等 . 贵州省烟田杂草的发生与分布现状调查 [J]. 江西农业学报, 2012,24（2）: 67–70.

[6] 张霓 . 贵州烟田杂草的种类及防除试验 [J]. 贵州农业科学, 2004,32（3）: 54–55.

[7] 李锡宏, 李儒海, 褚世海, 等 . 湖北省十堰市烟田杂草的种类与分布 [J]. 中国烟草科学, 2012,33（4）: 55–59.

[8] 招启柏, 薛光, 赵小青, 等 . 江苏省烟田杂草发生及危害现状初报 [J]. 江苏农业科学, 1998（1）: 43–45.

[9] 杨蕾, 吴元华, 贝纳新, 等 . 辽宁省烟田杂草种类、分布与危害程度调查 [J]. 烟草科技, 2011（5）: 80–84.

[10] 余纯强, 邓海滨, 蒋秀玲 . 南雄市烟田杂草种类及危害状况调查研究 [J]. 现代农业科技, 2011（23）: 217–218.

[11] 段艳平, 梁梅, 李自相, 等 . 云南省保山市烤烟地杂草种类与化学防除 [J]. 植物保护, 2008,34（5）: 119–124.

[12] 胡坚 . 云南烟田杂草的种类及防控技术 [J]. 杂草科学, 2006（3）: 14–17.

[13]Thomas A C. Weed survey system used in Saskatchewan for cereal and oilseed crops［J］. Weed Science, 1985, 33: 34–43.

[14] 张朝贤 , 胡祥恩 , 钱益新 , 等 . 江汉平原麦田杂草调查 [J]. 植物保护 , 1998, 24(3): 14–16.

[15] 强胜 . 杂草学（第 2 版）[M]. 北京 : 中国农业出版社 , 2009.

[16] 周小刚 , 张辉 . 四川农田常见杂草原色图谱 [M]. 成都 : 四川科学技术出版社 , 2006.

[17] 李扬汉 . 中国杂草志 [M]. 北京 : 中国农业出版社 , 1988.

（原文发表于《中国烟草科学》, 2015, 36(4): 91–95. ）

宜宾市烟田杂草的发生及危害调查

赵浩宇[1]，向金友[2]，谢冰[2]，张吉亚[2]，杨懿德[2]，杨洋[2]，周小刚[1*]

（1. 四川省农业科学院植物保护研究所 / 农业部西南作物有害生物综合治理重点实验室，四川成都　610066；2. 四川省烟草公司宜宾市公司，四川宜宾　644002）

摘　要: 采用倒置"W"九点取样法对宜宾市烟田杂草的种类、分布及危害情况进行了调查。结果表明，宜宾市烟田杂草共有 33 科 94 属 124 种，其中发生频度较高的杂草为马唐、铁苋菜、辣子草、尼泊尔蓼、马兰、艾蒿。根据相对多度和杂草危害级值，宜宾市烟田危害最严重杂草为马唐、尼泊尔蓼、空心莲子草、无芒稗和鸭跖草。

关键词： 宜宾市；烟田；杂草；种类；危害

Investigation on Occurrence and Damage of Weeds in Tobacco Fields in Yibin

ZHAO Hao-yu[1]，XIANG Jin-you[2]，XIE Bing[2]，ZHANG Ji-ya[2]，
YANG Yi-de[2]，YANG Yang[2]，ZHOU Xiao-gang[1*]

（1. Key Laboratory of Integrated Pest Management on Crops in Southwest, Ministry of Agriculture, Institute of Plant Protection, Sichuan Academy of Agricultural Science, Chengdu 610066, China; 2. Yibin Branch Company, Sichuan Tobacco Corporation, Yibin 644002, China）

Abstract: Species, distribution and damage of weeds in tobacco fields in Yibin were surveyed by using inverted "W" 9-point sampling method. The results showed that there were 124 weed species in 121 genera belonging to 33 families. *Digitaria sanguinalis* (L.) Scop., *Acalypha australis* L., *Galinsoga parviflora* Cav., *Polygonum nepalense* Meisn., *Kalimeris indica* (L.) Sch.-Bip. and *Artemisia argyi* Levl. Et Vant. would rank as weeds with the highest frequency. According to relative abundance and the level of weed infestation to crops, the major noxious weed species in tobacco fields in Yibin were *Digitaria sanguinalis* (L.) Scop., *Polygonum nepalense* Meisn., *Alternanthera*

基金项目：四川省烟草公司科技项目【编号：川烟科（2013）4 号】。

主要作者简介：赵浩宇 (1986–)，男，博士，主要从事杂草及除草剂使用技术研究。E–mail: zigzagipp@gmail.com。
* 通讯作者：周小刚，E–mail: 1783147650@qq.com。

philoxeroides (Mart.) Griseb, *Echinochloa crusgalli* (L.) and *Commelina communis* L.

Keywords: Yibin; tobacco field; weeds; species; damage

烟草是茄科烟草属一年生草本植物，于16世纪中叶传入中国，是我国重要的经济作物。烟田杂草的发生和危害已经成为烟草生产中的突出问题，其种类繁多，生长量大，与烟草争水争肥，并传播病虫害，若控制不当则会严重影响烟叶的产量和品质。

宜宾市是四川省的烟草主产区之一，其良好的水热条件适宜高品质烟叶的种植，同时也导致杂草大量发生。烟田杂草的种类及危害调查是进行烟田杂草发生规律和防除研究的基础，我国烟草主要产区云南、贵州、湖北、广东、江西等地均已开展过一些相关的调查研究工作[1~5]，但目前尚无宜宾地区烟田杂草发生情况的报道。为充分了解杂草的种类及种群特点，采取更为有效的防除手段，本研究于宜宾市各主要产烟地，选取有代表性的乡镇对烟田杂草进行了系统调查，以期对该地区烟田杂草的防除提供理论基础与技术支撑。

1 材料与方法

1.1 调查方法

本研究于2013、2014年烟草生育期，在四川省宜宾市烟叶主要产区筠连县、兴文县、屏山县、珙县、长宁县5县进行，综合考虑烟区气候、海拔、烟草品种、植烟面积等因素，在各县选择有代表性的乡（镇）及下属行政村进行调查，共调查13个乡镇14个村72块烟田。调查采用倒置“W”九点取样法[6, 7]，每个样点调查面积为0.25m^2，观察记录每个样点内的杂草种类和株数，并采用杂草优势度七级目测法[8]观察记录主要杂草的危害级别值。

1.2 统计方法

为量化调查结果，确定优势种群，在对样方取样数据进行处理时，需计算以下几个参数，即相对频率、相对密度、相对均度、相对多度、优势度级别值和综合值。田间均度（U）表示杂草在调查田块中出现的样方次数占调查田块总样方数的百分比；田间密度（MD）表示杂草在各调查田块的平均密度之和与调查田块数之比；田间频率（F）表示杂草出现的田块数占总调查田块数的百分比；相对均度（RU）、相对密度（RD）、相对频率（RF）分别表示以某种杂草的均度、密度、频率与各种杂草的均度、密度、频率和之比；相对多度（RA）为某种杂草相对均度、相对密度、相对频率之和；优势度级别值为七级目测法中，根据杂草的相对盖度、多度和相对高度将杂草优势度划分为七个等级，其赋值分别为

0.1、0.5、1、2、3、4、5；综合值表示某种杂草在整个调查区域中的危害程度，计算公式为Σ（级别值 × 该级别出现的样方数）×100%/(5× 总样方数)。

2 结果与分析

2.1 宜宾市烟田杂草种类

经调查鉴定[9, 10]，宜宾市烟田杂草共有124种，分属33科，94属（表1）。其中菊科24种，占19.4%；禾本科16种，占12.9%；蓼科11种，占8.9%；唇形科8种，占6.5%；伞形科7种，占5.6%；莎草科6种，占4.8%；苋科、石竹科、十字花科、玄参科、荨麻科4种，分别占3.2%。一年生或越年生杂草83种，占66.94%，多年生杂草41种，占33.06%。

表1 宜宾市烟田杂草种类

Table 1 Weed species in tobacco fields in Yibin

科名 Family	杂草名称 Weed species
木贼科 Equisetaceae	问荆 *Equisetum arvense* L.、笔管草 *Equisetum debile* Roxb.、散生木贼 *Equisetum diffusum* Don
爵床科 Acanthaceae	爵床 *Rostellularia procumbens* (L.) Nees
苋科 Amaranthaceae	牛膝 *Achyranthes bidentata* BL.、空心莲子草 *Alternanthera philoxeroides* (Mart.) Griseb、凹头苋 *Amaranthus lividus* L.、反枝苋 *Amaranthus retroflexus* L.
紫草科 Boraginaceae	柔弱斑种草 *Bothriospermum tenellum* (Hornem.) Fisch. Et Mey.、附地菜 *Trigonotis peduncularis* (Trev.) Benth.
桔梗科 Campanulaceae	半边莲 *Lobelia chinensis* Lour.
石竹科 Caryophyllaceae	簇生卷耳 *Cerastium caespitosum* Gilib.、雀舌草 *Stellaria alsine* Grimm.、石生繁缕 *Stellaria saxatilis* Buch.–Ham.、繁缕 *Stellaria media* (L.) Cyr.
藜科	藜 *Chenopodium album* L.、杖藜 *Chenopodium gigantuem* D.Don
菊科 Compositae	胜红蓟 *Ageratum conyzoides* L.、黄花蒿 *Artemisia annua* L.、艾蒿 *Artemisia* argyi Levl. Et Vant.、鬼针草 *Bidens bipinnata* L.、三叶鬼针草 *Bidens pilosa* L.、刺儿菜 *Cirsium segetum* Bge.、小飞蓬 *Conyza canadensis* (L.) Cronq.、野茼蒿 *Crassocephalum crepidioides* S.Moore、小鱼眼草 *Dichrocephala benthamii* C.B. Clarke、鳢肠 *Eclipta prostrata* L. [E.alba (L.) Hassk.]、一年蓬 *Erigeron annuus* (L.) Pers.、辣子草 *Galinsoga parviflora* Cav.、鼠麴草 *Gnaphalium affine* D. Don、多茎鼠麴草 *Gnaphalium polycaulon* Pers.、苦菜 *Ixeris chinensis* (Thunb.) Nakai、抱茎苦荬菜 *Ixeris sonchifolia* Hance.、马兰 *Kalimeris indica* (L.) Sch.–Bip.、山马兰 *Kalimeris lautureanus* (Debeaux) Kitam.、山莴苣 *Lactuca sibirica* (L.) Benth. ex Maxim.、腺梗豨莶 *Sigesbeckia pubescens* Makino、苣荬菜 *Sonchus brachyotus* DC.、蒲公英 *Taraxacum mongolicum* Hand.–Mazz.、苍耳 *Xanthium sibiricum* Patrin.、黄鹌菜 *Youngia japonica* (L.) DC.
旋花科 Convolvulaceae	打碗花 *Calystegia hederacea* Wall.

续表

科名 Family	杂草名称 Weed species
景天科 Crassulaceae	凹叶景天 *Sedum emarginatum* Migo.、垂盆草 *Sedum sarmentosum* Bunge
十字花科 Cruciferae	荠菜 *Capsella bursa-pastoris* Medic.、碎米荠 *Cardamine hirsuta* L.、野芥菜 *Raphanus raphanistrum* L.、无瓣蔊菜 *Rorippa dubia* (Pers.) Hara
大戟科 Euphorbiaceae	铁苋菜 *Acalypha australis* L.、叶下珠 *Phyllanthus urinaria* L.
牻牛儿苗科 Geraniaceae	野老鹳草 *Geranium carolinianum* L.
唇形科 Labiatae	风轮菜 *Clinopodium chinense* (Benth.) O.Ktze.、剪刀草 *Clinopodium gracile* (Benth.) Matsum.、香薷 *Elsholtzia ciliata* (Thunb.) Hyland.、益母草 *Leonurus japonicus* Houtt.、野薄荷 *Mentha haplocalyx* Briq.、紫苏 *Perilla frutescens* (L.) Britt.、夏枯草 *Prunella vulgaris* L.、荔枝草 *Salvia plebeia* R.Br.
豆科 Leguminosae	广布野豌豆 *Vicia cracca* L.
千屈菜科 Lythraceae	节节菜 *Rotala indica* (Willd.) Koehne
柳叶菜科 Onagraceae	草龙 *Ludwigia hyssopifolia* (G.Don) Exell、丁香蓼 *Ludwigia prostrata* Roxb.
酢浆草科 Oxalidaceae	酢浆草 *Oxalis corniculata* L.
车前科 Plantaginaceae	车前 *Plantago asiatica* L.
蓼科 Polygonaceae	金荞麦 *Fagopyrum dibotrys* (D.Don) Hara、细柄野荞麦 *Fagopyrum gracilipes* (Hemsl.) Damm. ex Diels 、头花蓼 *Polygonum capitatum* Buch.–Ham. ex D.Don、火炭母 *Polygonum chinense* L.、水蓼 *Polygonum flaccidum* Meism.、酸模叶蓼 *Polygonum lapathifolium* L.、绵毛酸模叶蓼 *Polygonum lapathifolium* L.var. *salicifolium* Sibth、尼泊尔蓼 *Polygonum nepalense* Meisn.、杠板归 *Polygonum perfoliatum* L.、桃叶蓼 *Polygonum persicaria* L.、齿果酸模 *Rumex dentatus* L.
毛茛科 Ranunculaceae	毛茛 *Ranunculus japonicus* Thunb.、扬子毛茛 *Ranunculus sieboldii* Miq.
蔷薇科 Rosaceae	蛇莓 *Duchesnea indica* (Andr.) Focke、萎陵菜 *Potentilla chinensis* Ser.
茜草科 Rubiaceae	猪殃殃 *Galium aparine* L. var. *tenerum* (Gren.et Godr.) Rcbb
三白草科 Saururaceae	蕺菜 *Houttuynia cordata* Thunb.
玄参科 Scrophulariaceae	陌上菜 *Lindernia procumbens* (Krock.) Philcox、通泉草 *Mazus pumilus* (Burm. f) V. Steenis、婆婆纳 *Veronica didyma* Tenore、阿拉伯婆婆纳 *Veronica persica* Poir.
伞形科 Umbelliferae	毒芹 *Cicuta virosa* L.、积雪草 *Centella asiatica* (L.) Urban、蛇床 *Cnidium monnieri* (L.) Cuss.、野胡萝卜 *Dancus carota* L.、野茴香 *Foeniculum vulgare* Mill. var.、天胡荽 *Hydrocotyle sibthorpioides* Lam.、水芹 *Oenanthe javanica* (Bl.) DC.

续表

科名 Family	杂草名称 Weed species
荨麻科 Urticaceae	糯米团 *Memorialis hirta* (Bl.) Wedd.、冷水花 *Pilea notata* C. H. Wright、雾水葛 *Pouzolzia zeylanica* (L.) Benn.、荨麻 *Urtica fissa* E. Pritz.
堇菜科 Violaceae	犁头草 *Viola japonica* Langsd.
葡萄科 Vitaceae	乌蔹莓 *Cayratia japonica* (Thunb.) Gagnep.
天南星科 Araceae	半夏 *Pinellia ternate* (Thunb.) Breit.
鸭跖草科 Commelinaceae	饭包草 *Commelina benghalensis* L.、鸭跖草 *Commelina communis* L.
莎草科 Cyperaceae	扁穗莎草 *Cyperus cpmpressus* L.、异型莎草 *Cyperus difformis* L.、旋鳞莎草 *Cyperus michelianus* (L.) Link、香附子 *Cyperus rotundus* L.、牛毛毡 *Eleocharis yokoscensis* (Fr.et Sav.) Tang et Wang、水蜈蚣 *Kyllinga brevifolia* Rottb.
禾本科 Gramineae	看麦娘 *Alopecurus aequalis* Sobol.、日本看麦娘 *Alopecurus japonicus* Steud.、荩草 *Arthraxon hispidus* (Thunb.) Makino、马唐 *Digitaria sanguinalis* (L.) Scop.、光头稗 *Echinochloa colonum* (L.) Link、稗 *Echinochloa crusgalli* (L.) Beauv.、无芒稗 *Echinochloa crusgalli* (L.) Beauv.var. *mitis* (Pursh) Peterm.、牛筋草 *Eleusine indica* (L.) Gaertn.、画眉草 *Eragrostis pilosa* (L.) Beauv.、白茅 *Imperata cylindrica* (L.) Beauv.、李氏禾 *Leersia hexandra* Swartz.、双穗雀稗 *Paspalum distichum* L.、早熟禾 *Poa annua* L.、棒头草 *Polypogon fugax* Nees ex Steud.、金色狗尾草 *Setaria glauca* (L.) Beauv.、狗尾草 *Setaria viridis* (L.) Beauv.

2.2 宜宾市烟田杂草危害程度

对宜宾市124种烟田杂草的各项危害程度指数进行分析，结果如表2所示。相对均度较大的杂草依次为马唐、尼泊尔蓼、辣子草、空心莲子草、马兰、铁苋菜、鸭跖草；相对密度较大的杂草依次为马唐、尼泊尔蓼、辣子草、无芒稗、鸭跖草、铁苋菜、空心莲子草；相对频率较大的杂草依次为马唐、辣子草、铁苋菜、马兰、艾蒿、尼泊尔蓼、无芒稗、鸭跖草。根据相对多度和杂草危害综合值来看，宜宾市烟田优势杂草为马唐、尼泊尔蓼、空心莲子草、辣子草、无芒稗和鸭跖草，其中以马唐的危害最为严重，其相对多度和草害综合指数分别达到24.76%和13.11%。

表2 宜宾市烟田杂草危害状况

Table 2 Damage of weed in tobacco fields in Yibin

杂草种类	相对均度（%）	相对密度（%）	相对频率（%）	相对多度（%）	综合值（%）
马唐	8.63	11.74	4.39	24.76	13.11
尼泊尔蓼	5.46	4.93	2.93	13.32	6.47

续表

杂草种类	相对均度（%）	相对密度（%）	相对频率（%）	相对多度（%）	综合值（%）
空心莲子草	4.12	3.11	2.30	9.53	6.14
无芒稗	3.59	3.78	2.58	9.95	3.45
鸭跖草	3.87	2.96	2.58	9.41	2.83
双穗雀稗	1.86	2.95	1.18	5.99	2.77
辣子草	4.62	2.88	3.14	10.64	2.57
光头稗	1.89	2.31	1.18	5.38	1.78
马兰	4.12	2.74	3.07	9.93	1.50
艾蒿	3.59	2.36	3.07	9.02	1.24
天胡荽	1.01	0.93	0.91	2.85	1.14
饭包草	1.09	0.79	0.70	2.58	1.05
白茅	0.99	0.94	0.70	2.63	1.00
杖藜	2.21	1.83	1.81	5.85	0.96
铁苋菜	4.04	2.22	3.14	9.40	0.94
金荞麦	1.36	0.89	0.98	3.23	0.91
酸模叶蓼	2.86	2.04	2.23	7.13	0.88
藜	1.64	1.12	1.39	4.15	0.85
三叶鬼针草	1.99	1.41	1.60	5.00	0.85
水蓼	2.01	1.64	1.60	5.25	0.73

2.3 宜宾市不同烟区杂草发生状况

宜宾市主要产烟县为筠连县、兴文县、屏山县、珙县和长宁县，烟田主要分布于海拔 600~1 200m 区间，前茬作物多为油菜，年度间实施烟草 – 玉米轮作。由于各地区气候、土壤等因素存在差异，杂草的发生与危害状况也各不相同。筠连县有烟田杂草 71 种，发生频率最高的杂草为尼泊尔蓼和马唐，分别达到 100% 和 95.45%，相对多度大于 10% 的杂草由高到低依次为马唐、尼泊尔蓼、辣子草、空心莲子草和艾蒿，其中马唐和尼泊尔蓼的危害最重，其草害综合值分别为 14.14% 和 11.18%。该地区烟田优势杂草群落组成有：马唐 + 尼泊尔蓼 + 辣子草 + 马兰；马唐 + 艾蒿 + 金荞麦 + 藜；空心莲子草 + 尼泊尔蓼 + 无芒稗 + 牛毛毡；马唐 + 空心莲子草 + 杖藜 + 光头稗。

兴文县有烟田杂草 70 种，其中相对频率大于 5% 的有马唐、繁缕、辣子草、空心莲子草和尼泊尔蓼，相对多度大于 10% 的杂草由高到低依次为马唐、尼泊尔蓼、辣子草、空心莲子草、繁缕和鸭跖草。调查结果显示兴文县烟田主要危害杂草为马唐、空心莲子草和尼泊尔蓼，其草害综合值分别达到 15.92%、12.70% 和 11.63%，其中空心莲子草在大坝乡、沙坝乡许多烟田的危害程度高达 4~5 级，难以防治。该地区烟田优势杂草群落组成有："空心莲子草 + 马唐 + 繁缕 + 马兰"；"空心莲子草 + 双穗雀稗 + 马兰"；"马唐 + 尼泊尔蓼 + 饭包草 + 无芒稗"；"马唐 + 尼泊尔蓼 + 辣子草 + 鸭跖草"。

屏山县有烟田杂草 68 种，其中相对频率大于 5% 的有马唐、马兰、无芒稗和辣子草，相对多度大于 10% 的杂草由高到低依次为马唐、无芒稗和马兰，危害最为严重的杂草为马唐、无芒稗和马兰，其草害综合值分别达到 24.86%、7.50% 和 5.75%。该地区烟田优势杂草群落组成有："马唐 + 饭包草 + 无芒稗 + 辣子草""马唐 + 无芒稗 + 双穗雀稗 + 三叶鬼针草""马唐 + 无芒稗 + 天胡荽 + 酸模叶蓼""马唐 + 双穗雀稗 + 繁缕 + 尼泊尔蓼"。

珙县有烟田杂草 66 种，其中相对频率大于 5% 的有尼泊尔蓼、马唐、马兰、鸭跖草和无芒稗，相对多度大于 10% 的杂草由高到低依次为马唐、尼泊尔蓼、马兰、鸭跖草和无芒稗，危害最为严重的杂草为马唐、尼泊尔蓼和鸭跖草，其草害综合值分别达到 10.00%、8.06% 和 5.61%。该地区烟田优势杂草群落组成有："马唐 + 金荞麦 + 刺儿菜""马唐 + 鸭跖草 + 尼泊尔蓼 + 荩草""马唐 + 尼泊尔蓼 + 三叶鬼针草 + 马兰""马唐 + 无芒稗 + 尼泊尔蓼 + 水芹"。

长宁县有烟田杂草 50 种，其中相对频率大于 5% 的有光头稗、铁苋菜、鳢肠、空心莲子草、通泉草和双穗雀稗，相对多度大于 10% 的杂草由高到低依次为光头稗、空心莲子草、双穗雀稗、马唐、鳢肠、铁苋菜和通泉草。长宁县为低海拔烟区，烟田海拔高度普遍在 300m 左右，多为田烟，实施烟稻轮作，因此杂草种类及发生情况与其他地区差异较大。调查结果显示该地区危害最为严重的杂草为空心莲子草、光头稗和双穗雀稗，其草害综合值分别达 17.81%、15.64% 和 14.39%，烟田优势杂草群落组成有："空心莲子草 + 光头稗 + 马唐""光头稗 + 双穗雀稗 + 通泉草 + 鳢肠""空心莲子草 + 铁苋菜 + 双穗雀稗 + 雾水葛"。

宜宾市烟田杂草的发生情况在各地区存在一定差异。如空心莲子草在筠连县、兴文县、长宁县危害非常严重，而其他地区危害较轻；鸭跖草在兴文县和珙县发生较多，其他地区则较少见；猪殃殃、白茅在屏山县常见发生，其他地区几未见发生；光头稗、鳢肠、通泉草等喜湿生杂草仅在长宁县大量发生。本次调查涵盖区域种植的烤烟品种主要为 K326 和云烟 87，结果表明烟田杂草的种类和危害程度与烟草品种之间没有明显关系。

3 讨论

通过本次普查，宜宾市主要植烟区烟田杂草的种类、优势种及危害情况已经大致明确，但因各地区烟田普遍采取人工除草或化学防除，使整体草相受到一定影响，调查得到的部分杂草危害程度偏低。普查结果表明宜宾烟区烟田杂草种类繁多，且具有一定的区域性，但除开长宁县之外，地区间优势杂草的种类和危害情况差异不大。各地区烟田杂草仍以一年生为主，且有向一年生和多年生杂草混生，马兰、艾蒿等多年生杂草占据优势的趋势发展。

宜宾市烟草在目前栽培模式下，通过烟农自行人工除草和喷施化学除草剂，使大部分杂草得到控制，仅有少数杂草在局部地区较为猖獗，如筠连县的酸模叶蓼，兴文县的空心莲子草，屏山县的马兰、水蓼，珙县的鸭跖草，长宁县的空心莲子草、双穗雀稗等。其主要原因一是空心莲子草、马兰等多年生杂草以常规方法难以根除，这些杂草通过地下部分持续发生且日益严重；二是各地区烟田长期使用单一除草剂导致部分抗性杂草种群数量上升，如常年施用草甘膦的烟田，水蓼和酸模叶蓼发生量明显升高，长期使用精喹禾灵+砜嘧磺隆的烟田，鸭跖草等杂草逐渐成为优势杂草，较难防除。因此，在选择烟田除草剂时应注意适时轮换，并配合农事管理和人工除草，尽量避免此类情况发生。

参考文献

[1] 胡坚 . 云南烟田杂草的种类及防控技术 [J]. 杂草科学， 2006， 3: 14–17.

[2] 徐爽, 崔丽, 晏升禄, 等 . 贵州省烟田杂草的发生与分布现状调查 [J]. 江西农业学报, 2012, 24(2): 67–70.

[3] 李锡宏, 李儒海, 褚世海, 等 . 湖北省十堰市烟田杂草的种类与分布 [J]. 中国烟草科学, 2012, 33(4): 55–58.

[4] 罗战勇, 李淑玲, 谭铭喜 . 广东省烟田杂草的发生与分布现状调查 [J]. 广东农业科学, 2007, 5: 59–63.

[5] 张超群, 陈荣华, 冯小虎, 等 . 江西省烟田杂草种类与分布调查 [J]. 江西农业学报, 2012, 24(6): 80–82.

[6] Thomas A C. Weed survey system used in Saskatchewan for cereal and oilseed crops [J]. Weed Science, 1985, 33: 34–43.

[7] 张朝贤, 胡祥恩, 钱益新, 等 . 江汉平原麦田杂草调查 [J]. 植物保护， 1998， 24(3): 14–16.

[8] 强胜 . 杂草学 (第 2 版)[M]. 北京 : 中国农业出版社， 2009: 261–263.
[9] 王枝荣 . 中国农田杂草原色图谱 [M]. 北京 : 中国农业出版社， 1990.
[10] 周小刚， 张辉 . 四川农田常见杂草原色图谱 [M]. 成都 : 四川科学技术出版社， 2006.

（原文发表于《杂草科学》，2014，32(4):74-78.）

四川省德阳市烟田杂草种类、危害及出苗特点调查

刘胜男[1]，李斌[2]，许多宽[3]，陈维建[3]，谭苏[3]，白辉祥[4]，陈庆华[1]，周小刚[1*]

[1. 四川省农业科学院植物保护研究所，农业部西南作物有害生物综合治理重点实验室，四川成都 610066；2. 四川省烟草专卖局（公司），四川成都 610041；3. 四川省烟草专卖局德阳市分公司，四川德阳 618099；4. 四川省大英县隆盛镇农业服务中心，四川大英 629308]

摘　要：本研究于 2013 年和 2014 年，采用倒置“W”9 点取样法和七级目测法，调查了德阳市烟田杂草发生的种类及危害；于 2014 年，采用田间定点调查法研究了烟田杂草的出苗特点。结果表明：德阳市烟田杂草共 24 科 67 种，优势种为光头稗（*Echinochloa colonum* (L.) Link）、马唐（*Digitaria sanguinalis* (L.) Scop.）、繁缕（*Stellaria media* (L.) Cyr.）、碎米荠（*Cardamine hirsuta* L.）和水蓼（*Polygonum flaccidum* Meism.）；烟田杂草在 2014 年的出苗高峰期为烟苗移栽后 20~30d。本研究明确了德阳市烟田杂草的种群特点和发生规律，为有针对性地提出烟田杂草防除措施提供了科学、可靠的理论依据。

关键词：德阳市烟田；杂草；种类；危害；出苗特点

Investigation on Species, Damageand Emergence Characteristics of Weeds in Tobacco Fields in Deyang, Sichuan Province

Liu Sheng-nan[1]，Li Bin[2]，Xu Duo-kuan[3]，Chen Wei-jian[3]，Tan Su[3]，Bai Hui-xiang[4]，Chen Qing-hua[1]，ZhouXiao-gang[1*]

（1.Key Laboratory of Integrated Pest Management on Crops in Southwest, Ministry of Agriculture, Institute of Plant Protection, Sichuan Academy of Agricultural Science, Chengdu 610066, China; 2.Sichuan Tobacco Monopoly Administration, Chengdu 610041, China; 3.Deyang Branch, Sichuan Tobacco Monopoly Administration, Deyang 618099; 4.Agricultural Service Center of LongshengTown DayingCounty Sichuan Province, Daying 629308,China）

基金项目：四川省烟草公司科技项目【编号：川烟科 201302004】

主要作者简介：刘胜男 (1988-)，女，硕士，主要从事杂草科研及除草剂使用技术研究。E-mail: hnulshn2006@163.com。

* 通讯作者：周小刚，E-mail: 1783147650@qq.com。

Abstract: Species and damage of weeds in tobacco fields in Deyang were investigated by using inverted "W" 9-point sampling methodand seven visual method in 2013 and 2014. Emergence characteristics of weedswere surveyed by Field fixed-point investigation in 2014.The results showed thatthere were 67weed species belonging to 24families.The dominant weed populations werecomposed by .*Echinochloa colonum* (Linn.)Link, *Digitaria sanguinalis* (L.)Scop.,*Stellaria media* (L.) Cyr.,*Cardamine hirsuta* L. and *Polygonum flaccidum* Meissn.. And, the peak weed emergence stage was in 20~30 days after tobacco seedlings transplanting in 2014.This study defined the population characteristics and occurrence regularity of weedsin tobacco fields in Deyang, provided a scientific and reliable theoretical basis for propose targeted weed control measures.

Keywords: tobacco fieldin Deyang; weeds; species; damage; emergence characteristics

德阳市地处成都平原腹地，种植晒烟历史逾300年，现已成为四川省七大烟草种植区之一，在全省烟草产业体系中具有重要作用。德阳属亚热带湿润季风区，气候温和，四季分明，降水充沛，年平均气温15~17℃，其良好的气候条件不仅有利于烟草的生长，也有利于烟田杂草的发生和繁衍。近年来，在烟叶生产中，对烟田杂草的发生和危害进行研究愈发受到重视。我国其他几个烟草主要生产区，如江苏、云南、贵州、广东、江西、湖北、安徽、山东等地均已进行过烟田杂草发生的种类与分布调查[1~9]，其中贵州省还进行了烟田杂草出苗规律的相关研究[10]。目前，尚未见到关于德阳烟区烟田杂草的研究报道，但在烟叶生产中，我们发现本市烟田杂草发生的种类多、范围广，但农民没有安全高效的、完善的除草措施，田间杂草的防除情况非常复杂。鉴于此，本研究旨在通过对德阳市烟田杂草发生的种类、危害程度和杂草出苗特点进行调查，摸清杂草的种群特点及高发生时期，为防除烟田杂草和有针对性的筛选高效化学除草药剂提供理论依据。

1　材料与方法

1.1　调查地点

四川省德阳市辖区内的什邡市、绵竹市为烟草集中种植区。2013~2014年，于烟草生长中期，对师古镇、南泉镇、土门镇和广济镇4个乡镇共58个烟草田块进行杂草发生和危害普查，每个田块面积均超过700m^2。

2014年，在什邡市师古镇大泉坑村的烟草种植基地内进行烟田杂草出苗特点的调查。

1.2　调查方法

1.2.1　烟田杂草种类及危害程度调查

以对角线5点取样法选定田块，每块田采用倒置"W"9点取样法取样[11]，每个样点调查面积为 1m×1m。采用七级目测法[12]，观察、鉴定[13~14]，并记录杂草的种类、生长密度、覆盖面积。按下面所列方法计算出各相应参数的数值，进行统计分析。

田间均度（U）= 杂草出现的样点次数 / 调查总样方数 ×100%

田间频率（F）= 杂草出现的田块数 / 调查总田块数 ×100%

田间密度（MD）= 杂草在各调查田块的平均密度之和 / 调查田块数

相对均度（RU）、相对频率（RF）、相对密度（RD）分别以某种杂草的均度、密度、频率与各种杂草的均度、密度、频率和之比。

相对多度（RA）= 某种杂草的相对均度 + 相对频率 + 相对密度

综合草害指数（CI）= Σ（级别值 × 该级别出现的田块数）×100%/（5×总样点数）

1.2.2 烟田杂草出苗特点调查

烟苗移栽后，田间定点 5 点，每点 $1m^2$，从烟苗移栽 10d 后开始，每隔 10d 调查一次杂草发生的种类和株数，调查后拔除已出苗杂草。

2 结果与分析

2.1 德阳市烟田杂草种类

德阳市烟田杂草共有 67 种，分属 24 科，57 属（表 1）。其中菊科 13 种，占 19.40%；禾本科 10 种，占 14.93%；十字花科和蓼科各 4 种，分别占 5.97%；苋科、紫草科、石竹科、豆科、玄参科、伞形科各 3 种，分别占 4.48%；藜科、唇形科、毛茛科、莎草科各 2 种，分别占 2.99%；其他杂草共 10 种，分属 10 科，分别占 1.49%。一年生或越年生杂草占 76.12%，多年生杂草占 23.88%。

表 1 德阳市烟田杂草种类

Table 1 Species of weeds in tobacco fields in Deyang City

科名 Family	杂草名称 Weed name
木贼科 Equisetaceae	散生木贼 *Equisetum diffusum* Don.
苋科 Amaranthaceae	空心莲子草 *Alternanthera philoxeroides* (Mart.) Griseb、凹头苋 *Amaranthus lividus* L.、反枝苋 *Amaranthus retroflexus* L.
紫草科 Boraginaceae	柔弱斑种草 *Bothriospermum tenellum* (Hornem.) Fisch. Et Mey.、紫草 *Lithospermum eryhrorhizon* Sieb. et Zuce、附地菜 *Trigonotis peduncularis* (Trev.) Benth
桔梗科 Campanulaceae	半边莲 Lobelia chinensisLour.
石竹科 Caryophyllaceae	漆姑草 *Sagina japonica* (Sw.) Ohwi、雀舌草 *Stellaria alsine* Grimm.、繁缕 *Stellaria media* (L.) Cyr.

续表

科名 Family	杂草名称 Weed name
藜科 Chenopodiaceae	藜 *Chenopodium album* L.、小藜 *Chenopodium serotinum* L.
菊科 Compositae	艾蒿 *Artemisia argyi* Lévl. Et Vant.、鬼针草 *Bidens bipinnata* L.、石胡荽 *Centipeda minima*(L.)A.Br. et Aschers.、小飞蓬 *Conyza canadensis* (L.) Cronq.、鳢肠 *Eclipta prostrata* L. [E.alba (L.) Hassk.]、辣子草 *Galinsoga parviflora* Cav.、鼠麴草 *Gnaphalium affine* D. Don、多茎鼠麴草 *Gnaphalium polycaulon* Pers.、马兰 *Kalimeris indica* (L.) Sch.-Bip.、山莴苣 *Lactuca sibirica*(L.) Benth. ex Maxim.、稻槎菜 *Lapsana apogonoides* Maxim.、异叶黄鹌菜 *Youngia heterophylla*(Hemsl.) Babc. et Stebbins、黄鹌菜 *Youngia japonica* (L.) DC.
十字花科 Cruciferae	荠菜 *Capsella bursa-pastoris* Medic.、碎米荠 *Cardamine hirsuta* L.、野芥菜 *Raphanus raphanistrum* L.、无瓣焊菜 *Rorippa dubia* (Pers.) Hara
大戟科 Euphorbiaceae	铁苋菜 *Acalypha australis* L
唇形科 Labiatae	风轮菜 *Clinopodium chinense* (Benth.) O.Ktze.、剪刀草 *Clinopodium gracile* (Benth.) Matsum.
豆科 Leguminosae	紫云英 *Astragalus sinicus* L.、苜蓿 *Medicago sativa* Linn.、白车轴草 *Trifolium repens* L.
锦葵科 Malvaceae	苘麻 *Abutilon theophrasti* Medic.
桑科 Moraceae	葎草 *Humulus scandens* (Lour.) Merr.
柳叶菜科 Onagraceae	丁香蓼 *Ludwigia prostrate* Roxb.
酢浆草科 Oxalidaceae	酢浆草 *Oxalis corniculata* L.
车前科 Plantaginaceae	车前 *Plantago asiatica* L.
蓼科 Polygonaceae	水蓼 *Polygonum hydraiper* L.、酸模叶蓼 *Polygonum lapathifolium* L.、绵毛酸模叶蓼 *Polygonum lapathifolium* L.var.*salicifolium* Sibth.、齿果酸模 *Rumex dentatus* L.
毛茛科 Ranunculaceae	毛茛 *Ranunculus japonicas* Thunb.、扬子毛茛 *Ranunculus sieboldii* Miq.
茜草科 Rubiaceae	猪殃殃 *Galium aparine* L. var. *tenerum* (Gren.et Godr.) Rcbb
玄参科 Scrophulariaceae	泥花草 *Lindernia antipoda* (L.) Alston、陌上菜 *Lindernia procumbens* (Krock.) Philcox、通泉草 *Mazus pumilus* (Burm.f) V. Steenis、
伞形科 Umbelliferae	蛇床 *Cnidium monnieri* (L.) Cuss.、天胡荽 *Hydrocotyle sibthorpioides* Lam.、水芹 *Oenanthe javanica* (Bl.) DC.
鸭跖草科 Commelinaceae	鸭跖草 *Commelina communis* L.
莎草科 Cyperaceae	碎米莎草 *Cyperus iria* L.、香附子 *Cyperus rotundus* L.
禾本科 Gramineae	看麦娘 *Alopecurus aequalis* Sobol.、荩草 *Arthraxon hispidus* (Thunb.) Makino、狗牙根 *Cynodon dactylon* (Linn.) Pers.、马唐 *Digitaria sanguinalis* (L.) Scop.、光头稗 *Echinochloa colonum* (L.) Link、牛筋草 *Eleusine indica* (L.) Gaertn.、水稻苗 *Oryza sativa* L.、早熟禾 *Poa annua* L.、棒头草 *Polypogon fugax* Nees ex Steud.、狗尾草 *Setaria viridis* (L.) Beauv.

2.2 德阳市烟田杂草危害

对德阳烟区67种杂草的相对均度、相对频率、相对密度进行分析，结果(表2)表明：相对均度较大的杂草依次为光头稗、马唐、繁缕、通泉草、碎米荠和辣子草；相对频率较大的杂草依次为光头稗、马唐、繁缕、通泉草、荠菜和空心莲子草；相对密度较大的杂草依次为光头稗、马唐、通泉草、碎米荠和看麦娘。综合分析相对多度和综合草害指数，发现光头稗危害最重，为德阳烟区第一优势杂草，整体危害级值约为3级，在少数田块可高达5级。其他几种主要杂草分别为马唐、繁缕、碎米荠、水蓼。德阳市烟田优势杂草群落组成主要有："光头稗 + 水蓼 + 繁缕 + 碎米荠""光头稗 + 水蓼 + 繁缕 + 马唐 + 通泉草""马唐 + 自生水稻苗 + 繁缕 + 辣子草 + 光头稗"。

表2 德阳市烟田主要杂草的危害

Table 2 The damage of mainly weeds in tobacco fields in Deyang City

杂草名称 Weed name	相对均度 RU(%)	相对频率 RF(%)	相对密度 RD(%)	相对多度 RA(%)	综合草害指数 CI(%)
光头稗	7.53	4.64	9.83	22.00	21.81
繁缕	6.57	3.87	3.15	13.59	19.02
碎米荠	5.25	3.10	4.89	13.24	17.37
水蓼	4.89	2.94	2.05	9.88	14.93
马唐	7.23	4.64	8.22	20.10	9.81
辣子草	5.15	4.02	2.88	12.06	6.35
荠菜	4.00	3.72	1.67	9.38	5.46
空心莲子草	3.27	3.72	1.42	8.40	4.17
自生水稻苗	3.57	2.79	3.56	9.91	4.04
小藜	2.77	2.63	1.14	6.55	3.91
通泉草	5.48	3.87	5.21	14.56	3.53
看麦娘	4.06	3.10	4.70	11.86	3.45
早熟禾	4.85	3.10	4.34	12.29	3.09
石胡荽	4.39	3.25	4.22	11.86	2.87
陌上菜	2.68	3.41	0.89	6.97	2.01

2.3 烟田杂草出苗特点

试验期间田间萌发的杂草共27种(表3)，其中以猪殃殃、自生水稻苗、荠菜、早熟禾、石胡荽、马唐和牛筋草为主要杂草，共占总杂草发生量的80.91%。阔叶杂草发生数量所占比例为56.54%，禾本科杂草发生数量所占比例为43.19%，莎草科杂草极少。表3数据还可以说明，在烟苗生长前期，猪殃殃、自生水稻苗、荠菜和马唐萌发量较大；4月上旬早熟禾和石胡荽开始大量发生，随后田间杂草出苗总数逐渐减少。

2014 年试验用烟草田田间杂草的萌发高峰在 3 月 29 日至 4 月 8 日（图 1），即烟苗移栽后 20~30d。

表 3　烟田田间杂草不同时期的发生种类及数量
Table 3　Species and quantity of weeds in tobacco fields in different periods

杂草种类 Species	不同调查日期每平方米杂草株数 Weed number per square meterin different investigation date						合计(株) Total	比例(%) Proportion
	3/19	3/29	4/8	4/18	4/28	5/8		
猪殃殃	34.8	50.4	37.4	4	1.4	0	128	21.51
自生水稻苗	5.4	25	31.2	18	6	1.6	87.2	14.66
荠菜	0	16.8	21.8	14.2	9.6	1.4	63.8	10.72
早熟禾	0	8.2	6	25.8	17.4	0	57.4	9.65
石胡荽	1.6	2	2.6	27	18.2	5.2	56.6	9.51
马唐	6.6	24.6	4.6	4.2	2	2.8	44.8	7.53
牛筋草	0	12.4	13.4	9	3.8	5	43.6	7.33
繁缕	1.6	4.2	5.4	3.4	3.8	1	19.4	3.26
酸模叶蓼	0	0	5.8	7	3.2	1.6	17.6	2.96
陌上菜	0	1.8	1.6	1.4	6.6	5.8	17.2	2.89
棒头草	0	0	0	0	10.2	5	15.2	2.55
通泉草	0	0	0	0.4	6.6	8	15	2.52
光头稗	0	0	5.2	1.6	1.8	0	8.6	1.45
鳢肠	0	0	0.8	1.4	1.8	0.4	4.4	0.74
天胡荽	0	0	4	0	0	0	4	0.67
辣子草	0	0.8	0.2	1.2	0.8	0	3	0.50
附地菜	0	0	1.2	0.6	0	0	1.8	0.30
碎米莎草	0	0		0	1	0.6	1.6	0.27
野油菜	1	0.4	0	0.2	0	0	1.6	0.27
鼠麴	0	0	0	0.8	0.2	0.2	1.2	0.20
铁苋菜	0	0.2	0.2	0	0.2	0.2	0.8	0.13
藜	0.4	0.2	0.2	0	0	0	0.8	0.13
黄花酢浆草	0	0	0.2	0	0	0.2	0.4	0.07
小藜	0	0	0.4	0	0	0	0.4	0.07
凹头苋	0	0	0.2	0	0	0	0.2	0.03
马兰	0	0	0	0.2	0	0	0.2	0.03
金色狗尾草	0	0	0.2	0	0	0	0.2	0.03

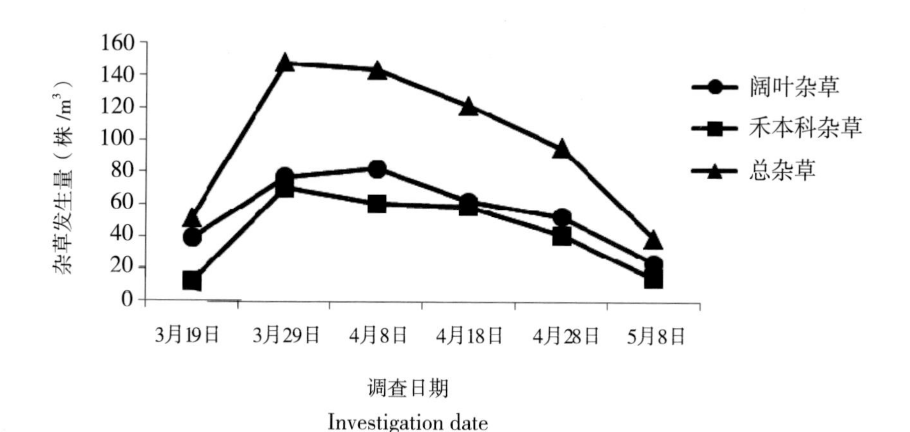

图 1　什邡市烟田烟草生长期间杂草的发生量（2013 年）

Figure 1　Occurrence quantity of weeds during growth period of tobacco plants in Shifang City(2013 year)

3　讨论

德阳市气候温和、雨量充沛、灌溉便利，烟农多以烟草－水稻轮作作为主要种植模式。本次调查结果显示，德阳烟区烟田杂草种类繁多，以一年生或越年生杂草为优势种群。在目前的烟草栽培模式下，少数杂草种类如光头稗、马唐、繁缕、碎米荠、水蓼在局部田块发生比较猖獗，对烟草生产构成较严重威胁。因此，在烟叶生产中我们需要重视烟田杂草的防除，特别是对危害较重的优势杂草进行防除。对烟田杂草的出苗特点进行研究，结果表明：德阳烟区田间杂草的出苗高峰在烟苗移栽后 20~30d 之间，也就说明该时期即为控草的关键时期。

现阶段，由于劳动力数量、除草成本和除草效率等方面的原因，烟田杂草的防除仍然以化学防除为主。总体上讲，在控草关键期，选用安全、高效的除草剂可以有效地防除该烟区田间杂草，降低烟叶生产损失。至于本烟区适用的除草剂的品种选择，则需要我们进行更进一步的筛选研究。

另外，四川省其他几个烟叶主要生产区所采用的揭膜培土的栽培方式，不同的是德阳烟区普遍推广宽垄覆膜、不揭膜、不培土的栽培方式。在移栽之后立即覆膜，这就要求烟农在盖膜前需要把杂草的出苗数量控制在一个较小的范围之内。鉴于此，我们建议烟农在烟草移栽前施用 1 次封闭性除草药剂，到烟草生长中期，还可以配合施用灭生性除草剂如草甘膦进行 1 次行间除草，这样可以更加有效地达到防除田间杂草的目的，从而降低烟叶产量损失，同时也可以节省大量的人力劳动。

参考文献

[1] 李树美 . 安徽省烟田杂草的分布与危害 [J]. 中国烟草学报, 1997, 2:60–66.

[2] 招启柏, 薛光, 赵小青, 等 . 江苏省烟田杂草发生及危害状况初报 [J]. 江苏农业科学, 1998, 1:43–45.

[3] 罗战勇, 李淑玲, 谭铭喜 . 广东省烟田杂草的发生与分布现状调查 [J]. 广东农业科学, 2007, 5:59–63.

[4] 杨蕾, 吴元华, 贝纳新, 等 . 辽宁省烟田杂草种类、分布与危害程度调查 [J]. 烟草科技, 2011, 5:80–84.

[5] 徐爽, 崔丽, 晏升禄, 等 . 贵州省烟田杂草的发生与分布现状调查 [J]. 江西农业学报, 2012, 2:67–70.

[6] 张超群, 陈荣华, 冯小虎, 等 . 江西省烟田杂草种类与分布调查 [J]. 江西农业学报, 2012, 6:80–82, 85.

[7] 吴振海, 成巨龙, 安德荣, 等 . 陕西烟田杂草初步调查 [J]. 北方园艺, 2012, 13:45–49.

[8] 陈丹, 时焦, 张峻铨, 等 . 山东省烟田土壤杂草种子库研究 [J]. 烟草科技, 2013, 05:77–80.

[9] 李锡宏, 李儒海, 褚世海, 等 . 湖北省烟田杂草的发生与分布现状调查 [J]. 湖北农业科学, 2013, 24:6044–6047, 6050.

[10] 叶照春, 陆德清, 何永福 . 烟田杂草出苗特点及化学防除药剂筛选 [J]. 贵州农业科学, 2011, 12:145–150.

[11] 张朝贤, 胡祥恩, 钱益新, 等 . 江汉平原麦田杂草调查 [J]. 植物保护, 1998, 3: 14–16.

[12] 强胜 . 杂草学（第 2 版）[M]. 北京 : 中国农业出版社, 2009.

[13] 周小刚, 张辉 . 四川农田常见杂草原色图谱 [M]. 成都 : 四川科学技术出版社, 2006.

[14] 李扬汉 . 中国杂草志 [M]. 北京 : 中国农业出版社, 1988.

（原文发表于《杂草科学》，2014，32(4):16–19.）